春辉／编著

解压

破解情绪困局

民主与建设出版社
·北京·

© 民主与建设出版社，2024

图书在版编目 (CIP) 数据

解压：破解情绪困局 / 春辉编著 . -- 北京：民主与建设出版社, 2024.10 -- ISBN 978-7-5139-4730-5

Ⅰ. B842.6-49

中国国家版本馆 CIP 数据核字第 2024U2L180 号

解压：破解情绪困局
JIEYA POJIE QINGXU KUNJU

编　　著	春　辉
责任编辑	王　颂
封面设计	于　方
出版发行	民主与建设出版社有限责任公司
电　　话	（010）59417749　59419778
社　　址	北京市朝阳区宏泰东街远洋万和南区伍号公馆 4 层
邮　　编	100102
印　　刷	三河市新科印务有限公司
版　　次	2024 年 10 月第 1 版
印　　次	2024 年 10 月第 1 次印刷
开　　本	880 毫米 ×1230 毫米　1/32
印　　张	7
字　　数	98 千字
书　　号	ISBN 978-7-5139-4730-5
定　　价	39.80 元

注：如有印、装质量问题，请与出版社联系。

前言

当今时代是竞争的时代，各行各业的激烈竞争，给现代生活造成了忙碌与紧张。企业的竞争、行业的竞争、就业升职的竞争，繁多的学业、升学的烦恼，都给人们造成了相当的生活压力。另外，心理因素，如过高的自我期望、自我设限、缺乏交流造成的人际关系紧张、过于敏感、内向、缺少实际行动、缺乏安全感等，也都会给人们带来压力。压力是不以人的意志为转移的客观存在。无论是什么人，都无法逃避来自方方面面的、大大小小的压力。因为，我们生活在一个充满压力的世界，压力已完全深入我们的生活与工作中。

然而，我们每个人又都需要适当的压力。压力使甘蔗流出清甜的汁液；压力使雄鹰展翅翱翔于碧空；压力使我们不能松懈怠惰；压力使我们浑身充满活力，激发战胜一切困难的力量。

有一哲人说："要想有所作为，要想过上更好的生活，就必须去面对一些常人所不能承受的压力，你得像古罗马的角斗士一样去勇敢地面对它，战胜它，这就是你必须走的第一步。"

是的，世界上没有什么压力是不可战胜的，在战胜它们之前，我们必须有面对它们的勇气，因为只有面对它，我们才有可能了解它并最终克服它。有些压力就像纸老虎，你强它就弱，你进它就退；还有些压力，你完全可以将其转化为动力。

中国还有一句古话，叫作"吃得苦中苦，方为人上人"。没有一个人随随便便就能成功，成功的原动力是压力。在压力的不断鞭策下，你就有了前进的方向。一个有梦想的人，总是善于把压力置于自己的背后，让其成为一种推动力，迫使自己不断前进。

但是，在现实社会生活中，许多人被压力所压倒，他们不能以积极的态度对待压力，视压力为包袱，整天在压力中挣扎。压力过大，在心理方面会导致忧虑、沮丧、恐惧、消沉、心悸、急躁等；在生理方面会使心跳加快、肌肉紧张、血压升高，诱发背痛、腹胀、失眠等一系列症状，进而产生各种各样的疾病。

据调查，75%的疾病是由过度的压力造成的或使之恶化的。过度的压力是人生一大灾难,它会威胁我们的健康、心灵、生活,甚至足以威胁我们的生命。

人要相信自己能够克服困难、顶住压力,相信自己绝对不会轻易被压力吓倒,同时还要相信,只要勇敢地面对压力,那就一定能够在压力的推动下不断进步。

本书以精练的语言,严谨的结构,融科学性与趣味性为一体,让人们在细细的品味中找到适合自己的减压方法。

人们做事情绝不可能永远一帆风顺,人生不会永远风平浪静,只有在惊涛骇浪中奋勇搏击,才能最终到达成功的彼岸。

目 录

第一章　认识压力，了解一个不容乐观的现状

一、什么是压力……………………………………………002

二、从不同视角看压力……………………………………007

三、压力的种类……………………………………………011

四、压力的特性……………………………………………013

五、不容乐观的压力现状…………………………………018

六、压力对生理的影响……………………………………023

七、压力对心理的影响……………………………………026

八、白领健康的九大"杀手"……………………………030

第二章　生活压力，就看你如何去调整

一、羡慕别人造成的压力…………………………………036

二、期望值过高会产生压力………………………………041

三、焦虑造成的压力 045

四、贪婪给人无休止的压力 048

五、顾忌他人会产生压力 051

六、小事带来大压力 053

第三章 职场压力，不要"嫁给工作"

一、工作带来压力 056

二、不要"嫁给工作" 058

三、辛勤工作不是成为工作狂 062

四、不要让工作压力上瘾 066

五、适度的压力可以激励人 071

六、选择适合自己的职业 075

第四章 身处困惑，别把压力带回家

一、别把压力带回家 080

二、家是抵抗压力的港湾 084

三、回家不想工作上的事情 088

四、用心去维护亲情 091

五、抽出时间多陪陪老人和孩子……093

六、用心去维系友情……096

第五章　把控情绪，在压力深处微笑

一、善于调节和控制自己的情绪……100

二、敢于承担失败的后果……105

三、自卑会让压力感倍增……109

四、逆境时给自己一个微笑……113

五、恐惧是心底的"纸老虎"……116

六、嫉妒会让你中毒……118

七、不完美才是最真实的完美……122

八、学会控制自己的愤怒……125

第六章　端正心态，用压力煲一碗"鸡汤"

一、与无形的压力作战……130

二、幽默可以缓解压力……137

三、应对压力的方法……140

四、灰色状态——亚健康……143

五、如何克服消沉 ………………………………… 148

六、如何释放愤怒 ………………………………… 150

第七章 体验乐趣，在压力下做弹簧

一、运动有助于减轻压力 ………………………… 154

二、尝试新的爱好 ………………………………… 157

三、寻找工作中的乐趣 …………………………… 159

四、好心态生活才会更轻松 ……………………… 161

五、培养豁达的人生观 …………………………… 164

六、不要压抑哭和笑的本能 ……………………… 168

第八章 对压力说"不"，相信自己的能力

一、让压力见鬼去吧 ……………………………… 172

二、避免角色混乱 ………………………………… 175

三、依靠团队的力量 ……………………………… 178

四、寻求社会的支持 ……………………………… 181

五、换个角度看世界 ……………………………… 184

六、慢下来是为了更好地前行 …………………… 187

第九章　与压力共舞，走向理想的人生

一、没有压力就没有动力……………………………… 192

二、逆境是成功的基石………………………………… 195

三、压力是精神的兴奋剂……………………………… 199

四、进行良性的竞争…………………………………… 203

五、与压力共舞………………………………………… 206

六、战胜自我，战胜压力……………………………… 210

第一章
认识压力，了解一个不容乐观的现状

压力是各种情感的反应，是有机体的一种内部状态。如果一个人的精神和肉体能够接受压力的挑战，那么压力对人就是一种助推力；如果一个人的心理承受能力较弱或压力过大，那么压力就会给身心健康带来危害。

一、什么是压力

压力是各种情感的反应,是有机体的一种内部状态。

心理压力既来自外部世界的客观现实,也取决于我们看待这些现实问题的态度。压力既是我们判定一个事件,具有威胁性、挑战性或对我们构成危害的过程,也是我们对这个事件做出生理、情绪、认知和行为反应的过程。简言之,当我们感到生活中的某个事件对身心健康构成潜在威胁,又无力去应对的时候,压力便产生了,并伴随出现一连串生理上的反应。

压力原先是一个物理学的概念,意指施于某一物体的一种外力。加拿大内分泌生理学家汉斯·塞利首先将压力的概念引进医学和心理学。他认为,人们每天都要承受外部的与内部的种种刺激。有些刺激会让人放松,产生愉快感,有些则会引起焦虑、不安的紧张状态。任何令个体紧张的刺激都可称之为压力。

其他学者对压力做出如下不同的界定,但总体来说都与紧张有关。所谓压力,是指个体对某一没有足够能力应对的重要情景的情绪与生理紧张反应。

《美国陆军野战手册》中是这样界定压力的："心理、情绪、身体的紧张和疲劳过度，身处战争或者与战争相关的环境造成的情绪低落。"

压力是各种情感的反应，如焦虑、强烈的情绪和生理上的唤醒等。压力是有机体的一种内部状态。这种状态由两种因素组成：一是威胁，或"紧张刺激物"；二是由个体生理上可以测量到的变化和个体行为组成的反应。例如，某人在表面上看不到压力的表现，但在其生理上或行为上则有一些异常反应，如出汗、做噩梦等。

压力的表现分为如下三个阶段，呈现不同的症状。

第一阶段是躯体症状，会产生失眠、焦虑、多疑、胃口差等情况。

第二阶段就会产生退缩性行为，表现为不愿上班、无端请假、不愿意参加各类社交活动等。

第三阶段会产生攻击性行为，如火气大、矛盾多、破坏性强，甚至产生自残、自虐或者自杀倾向。

压力还会影响到个体的身心适应状况。当个体受到紧张刺激产生的压力时，就会感到这种紧张袭击的威胁，从而造成了心理上的紧张状态。而这种心理上的紧张状态影响着个体的内部平衡，个体为了维护这种平衡，就要做出一些相应的反应。这些反应会引起一系列的生理变化、血液的变化、心律波动等。如果个体长期处于这种紧张的心理状态，就会对那些重复出现的心理紧张刺激形成一套相同的特殊生理反应模式。这种模式即为一般适应性综合征。

一般适应性综合征分为三个阶段。

第一阶段：惊恐反应。对压力的最初反应是惊恐，自主神经活动功能减弱到正常水平之下，身体对压力的抗拒发生变化。身体接受压力时，内分泌腺开始活动，肾上腺增加了肾上腺素的分泌，同时脑垂体的输出量也在增加。这些激素流入血液，使血糖和血压升高，胃酸增多。人类对于压力的典型反应就是进攻或回避，而这两种反应又会引起生理方面的变化，即心跳加快、口干舌燥、呼吸急促、出汗等。

第二阶段：抵抗。如果压力继续存在，就进入了激活的最佳水平。肾上腺继续受到脑垂体腺的刺激。肾上腺和脑垂体腺分泌的激素的功能是恢复身体的平衡，防止身体因反应过强而受到伤害。此时，个体比平时更加努力工作，借以保护自己。

第三阶段：衰竭。如果压力源继续威胁身体或产生新的压力而个体又没有准备，那么就进入到了衰竭阶段。此阶段意味着大量的刺激分泌物不能继续防御，适应性反应遭到了破坏。由于持续时间过长，防御系统逐渐被削弱，个体耗尽了心理和生理能量，机体便极易受到伤害，极易产生疾病，甚至死亡。

压力一旦被激活，其体验并不是都要经历这三个阶段。个体往往在开始时对压力产生的情境估计过高，然后随着自我控制能力的提高而变小。多数人在不同程度上经历了第一、二阶段，而第三阶段很少有人体验到。

需要说明的是：压力虽然是由各种各样的外部因素引发的，但由于个体差异的存在，同样的外部环境刺激，每个人内心所感受到的压力程度却有很大的差别。对于压力的反应——压力感，各不相同。有些人的压力感觉阈限（阈限——被个体感觉/反应的最小刺激值）偏低，对压力特别敏感，有些人的压力感觉阈限偏高，愿意接受挑战，对压力的承受能力强。而决定这一切的是个体主观因素：年龄、体质、性别、动机、意志、能力等。

譬如，身体强壮的人比身体孱弱的人，在抗压能力上就要好得多，至少，在身体反应的感受性与耐受性上就有着明显的区别。

心理承受能力的差异对于压力的感受与耐受的区别就更大，这一点尽人皆知。

个人的观念差异也导致个人压力感的不同。曾有两位科学家花了很长时间研究电话公司接线员的健康资料。他们发现，经常生病的接线员与保持健康的接线员最大的不同点在于：经常生病的接线员都有着良好的家庭环境与教育背景，对自己的期望水平也高，他们觉得自己做接线员的工作有失身份，而且这个工作又是那么枯燥、无聊。而健康的接线员大多来自中下阶层，他们知道自己的条件有限，对这份工作很满意。正是由于这种差异，导致他们对压力的不同感受，进而导致不同的健康状况。

当然，在那些压力过重的工作中，这些差异就表现得不那么明显了。

大家知道，航空港的空中管制员是世界上压力最大的职业之一。加拿大著名作家黑利的名著《航空港》中就有生动而细腻的描述。据研究，在美国芝加哥国际机场担任指挥工作的94个人当中，只有两个资历超过10年；他们中有三分之二的人得了胃溃疡；自1930年以来，已有35人因病永久离职，许多人正在接受精神治疗；他们患高血压的比例，比飞行员还高4倍。虽然有许多职业比空中管制员更需要准确的决定与判断，但却不像他们那样会出现严重的压力症状，因为他们的每一个决定都可能会危及许多人的性命。

二、从不同视角看压力

压力,也称为"应激""紧张"。美国心理学家理查德·拉扎勒斯认为,压力是事件和责任超出个人应对能力范围时所产生的焦虑状态(紧张状态),是人与环境相互作用的产物。当人认为内外环境的刺激超过自身的应对能力及应对资源时,就会产生压力。因此,压力是内外需求与机体应对资源的不匹配破坏了个体的内稳态所致。关于压力,不同文化有不同的解读视角和定义,同时,在现代社会也产生了多种识别和测量压力的方式,这有助于我们更全面系统地认识压力。

(一)从哲学视角看压力

关于压力,东方文化认为压力是"内心平和的缺失",而西方文化则将压力定义为"失控"。要想更好地理解压力,我们可以来思考:什么是幸福。平静、平和,注重达到一种平稳的状态,"顺其自然,为所当为",这是我们东方人追求的幸福最高境界;而西方人认为幸福是快乐,试图通过控制和干预获得快乐。西方人认为,失控是一种很糟糕的状态。

基于西方的压力管理视角，很多西方人在生活中一旦认为事情失控，就会拼命去控制，然而控制不一定会得到好的结果。而基于东方文化视角，东方人需要考虑为什么去控制，控制它的最根本原因是什么，能不能尊重事物的自身发展规律，顺其自然？

例如恋爱中的双方，一方特别想去控制另外一方，要了解对方每天的微信是发给谁的、发的内容是什么、每天都见了谁、给谁打了电话、此时此刻对方心里想的是谁……这种失控的恐惧其实是一种安全感的缺失。所以谈恋爱时，如果对方属于严重的焦虑依恋型，你的恋爱过程可能会比较辛苦，因为你可能会感受到来自对方的近乎令人窒息的管控。首先，对方总是要让你证明你是爱他（她）的，你也需要时刻证明你可以在他（她）可及范围内被联系到，或者用各种方式来证明你的定位、地点、和谁在一起等。亲密关系中，焦虑依恋型的伴侣常常因安全感缺失而失控，这样反而会让他们加强控制，诸如翻阅对方手机、不断追问对方是不是爱自己等，最终导致两个人关系的破裂。

对部分父母来讲，失控也是一件很让人难以忍受的事情，但大多数情况是，父母越是要控制孩子，亲子关系可能越疏远、越糟糕。如果对待这类家庭中的孩子用东方哲学，顺其自然，孩子其实可以成长得很好。由此，人们需要在东方哲学中汲取智慧，改善心态，让心态趋于平和，而不是过度控制，要尝试在放手和控制之间找到平衡点。这是在压力管理方面，东方和西方哲学的不同。

（二）从变化视角看压力

变化视角认为个体经历的一切变化都是压力。生活当中的变化非常多，例如有人会觉得每天跟父母待在一起，父母唠唠叨叨，让自己心烦意乱，返回学校就清净多了；有人会觉得在家里很舒服，有家人照顾，返回学校凡事都要靠自己。由此可见，变化可以是好的，也可以是不好的，要看特定个体的反应。从生理指标上看，好的变化和不好的变化都可能对身体造成冲击，形成非特异性的压力反应，即好的刺激或不好的刺激都可能会影响内分泌、神经系统，引起大脑相关的反应、变化。

（三）从整体医学视角看压力

整体医学是一种治疗取向，崇尚心理、生理、情绪和精神的整合、平衡、和谐，促进内心世界的稳定。整体医学认为，压力是一个人无力应对自己心理、生理、情绪及精神上受到的威胁时，所产生的一系列生理反应及适应现象。整体医学是从系统、整体的角度来看待压力，即压力的产生是从心理到生理、情绪、精神状态的综合结果。因此当一个人产生精神疾病的时候，不能仅仅依靠服用药物来解决问题，还需结合心理咨询、艺术体验、体育锻炼和社会的情感支持等进行治疗，让其内心达到平和状态。

三、压力的种类

根据来源压力可分为：

职业压力、家庭压力、环境压力、自我导引压力。

当然，这些压力来源之间并不是孤立的，它们之间相互影响，互为因果，并且是"一荣俱荣，一损俱损"。

根据程度压力可分为：过度压力、适度压力、过低压力。

根据所产生的生理和情绪反应压力可分为：好的、快乐的压力，不好的、痛苦的压力。

根据持续的时间压力可分为：急性压力、间歇性压力、长期压力。

急性压力十分显著但持续时间短，由近期事件引发。如突然发生的危机、临时增加的工作任务、生命中的转折点（升学、转学、迁徙、就业、升职、退休）等。短期压力处理不好，可以转化为长期压力。

间歇性压力的产生与经常出现的压力源有关。受到这种压力折磨的人通常感到过分的束缚、缺乏能力，没有时间完成每件事，发现自己与周围的人矛盾重重。这种压力危害较大,偶尔紧张时的头疼会逐渐变成经常性的偏头疼,严重的焦虑变成了习惯性的生活状态。间歇性压力能引发严重的健康问题。

长期压力则是由长期的生活经历所致。人们对这种压力的感受不是很明显,但要摆脱它又十分困难。慢性压力可以置人于死地。

在压力研究上颇有建树的学者塞尔叶认为,最危险的压力就是那种长期不变的压力。在几千例尸体解剖的基础上,他得出结论:人并非死于年老本身。而是死于长期持续的同一种压力反应而导致的某一器官的损伤。为此,他建议人们重视体验不同的压力,如转换职业、改变环境,上业余学校、培养新的兴趣爱好,参加社区活动、做义工。这是通过把压力整体分解为几种不同的压力来达到减轻压力的效果。这种多样化体验压力起作用的机制可能在于转移注意力,引起不同的压力反应,从而产生大脑皮层新的兴奋灶,让原有压力引起的兴奋灶得到休息。

四、压力的特性

因为压力是生物与它所处的环境相互作用的产物，压力本身既不是生物的一个特性，也不是环境的一个特性。

为什么产生压力？压力是一种紧张性刺激导致的。尽管紧张性刺激以各种形状、颜色和大小出现，但从无数种类中找出普遍形式，是一种科学研究方法。

研究结果表明，紧张性刺激都有某些基本特点，这些特点与任何由此产生的压力反应的大小都有重要关系。除了强度，决定它的生物反应的紧张性刺激的特点，还有：它的持续时间、它的发生时间、它的可预测性以及它的可控制性，在其他条件相同的情况下，如果紧张性刺激在事先不知道的情况下出现，持续更长的时间和没有办法控制，那么它的影响就更大。

首先，考虑持续时间，紧张性刺激的持续时间和它的生物学影响之间的关系并不明显。紧张性刺激可以是简短的独立事件，也可以是长期的一系列断断续续的事件，还可以是连续长期的事件。

由于人们的心理有能力记住过去的恐惧，并想象未来的恐惧，经常很难决定紧张性刺激何时开始，何时结束。

当涉及社会紧张性刺激时，短期（急性）紧张性刺激和长期（慢性）紧张性刺激的区别更容易变得模糊。例如，当人们由于婚姻破裂而处于压力之下时，很难判断他们是正在经历许多简短的紧张性刺激，还是一个长期的紧张性刺激。

尽管存在这些复杂性，从大量的实验数据中找出普遍方式是必需的。总的来说，简短的紧张性刺激对免疫功能有着与长期紧张性刺激相反的影响。简短而相对轻微的紧张性刺激，经常在免疫功能的某些方面引起短暂的增长，而长期紧张性刺激往往对免疫系统有一定的抑制影响。

紧张性刺激的影响部分取决于它的持续时间，其原因在于压力反应是由以不同速度反应的元素组成的。可以假设生物适应长期紧张性刺激的方式，与它们适应或习惯长时间的刺激一样。但并不总是这样，长期的紧张性刺激能对免疫功能产生复杂的变化，持续压力的生物学影响随着时间的发展会出现很大的不同，有时也可能正好相反。决定紧张性刺激影响的另一特性是它相对于其他事件的发生时间。目前，对于紧张性刺激的探索还有待深入，并不能一概而论。

古希腊一位哲学家说过："人类不是被问题本身所困扰，而是被他们对问题的看法所困扰。"人生活在社会中，不可能完全没有压力，有压力是正常的，就看你如何对待它。

压力，如果一个人的精神和肉体能够接受压力的挑战，那么压力对人就是一种助推力；如果一个人的心理承受能力较弱或压力过大，那么压力就会给身心健康带来危害。

压力具有传染性，和一个正处于压力中的人一起生活和工作，会使你也觉得有压力。在生活中，一般没有固定的模式可保证免受压力，但有许多方法可以减轻压力。

一个不极端的解决方法，是把你的注意力从令人厌烦的事情上转移开。例如，在拥挤的火车上，你可以通过随意遐想、看手机或读书来从精神上远离车厢。这种心理防卫机制能够使压力变迟钝。

还有一种更加积极的方式，就是心理学家称为重新构想的方法。它包括侧重于事情的积极的、可控的一面，寻找实际可行的解决方法，如果不能解决的话，再向不可避免的事情妥协，从而有意使人们在意识上改变对处境的感知。当心理学的压力控制顾问教给人们以一种新的、积极的眼光看待紧张性刺激时，会使用重新构想这个概念。人们可将挫折奇妙地转变成激励性的新挑战，使灾难变成个人成长的有价值的经历。

其实，我们看待世界的特定方式、辨明是非的方式等，都会大大影响我们对日常生活中的不幸的敏感。有令人信服的证据表明，与那些总是看到生活积极方面的乐观主义者相比，对世界充满悲观看法的人——认为那些属于我们自己的错误和问题总是无所不在、长时间不可解决的——会从压力中受到更多的伤害。

因为压力是生物与它所处的环境相互作用的产物，压力本身既不是生物的一个特性，也不是环境的一个特性。人们对同样的紧张性刺激做出的反应有很大不同，这取决于他们本身独一无二的因素，包括他们过去的经历、信仰、教育、性格、身体健康、基因构成和社会环境。

因此，压力不仅是发生在我们身上的某件事情，也不仅是我们被动地承受着的一种力量，它是我们对环境如何评价和反应的产物。我们在这个过程中是积极的参与者。具有实际意义的是，通过改变我们看待世界、对付挑战或评价自己处理能力的方式，我们就能够改变自己对压力的敏感性。

减轻压力的明显方法是在源头就把紧张性刺激消除掉。如果受到凶恶的狮子或强盗的威胁，那就跑掉；如果担心考试不能通过，那就努力学习争取有信心通过。而不是让我们的这些想法，成为厌倦、无聊、空虚、压力的原因。

这是一种观想法。心里想着一些细节，如形体、声音、味道及感觉，用这些细节制造出一个情节，如同真的发生在眼前一般。观想法也可以被当作一种"心灵假期"，也就是自由自在地去梦想。只要用你的想象力就能产生松弛的感觉，让你的想象力自由地奔驰。总之，不管何时何地，只要你感到需要放松，并享受生活的时候，就像这样运用你的想象力，想象或回忆生活经历中最舒服放松的一个画面，就可以为自己的心灵放假。

五、不容乐观的压力现状

先来看一组统计数据与具体现象。

美国2015年统计,每年员工心理压力给美国公司造成的经济损失高达3050亿美元,超过排名在前的500家大公司税后利润的5倍。

美国心理学家协会最近公布的一项调查结果显示,65%左右的美国就业人士内心都是消极情绪占上风。这种情绪轻则表现为不满现状深感疲惫,重则表现为不堪重负,患上严重的身心疾病。

欧盟每年也因工作压力太大,丧失20%的劳动力。

英国有关工作压力的研究发现,由于工作压力,他们付出的代价达到国民生产总值的1%。根据官方统计数字,压力导致的疾病估计每年使英国减少8000万个工作日,造成的经济损失高达70亿英镑。

其他西欧国家的出勤问题甚至更为严重。萨里大学研究人员从事的一项研究结果显示,葡萄牙、意大利和比利时的短期缺勤率最高。而荷兰、瑞典、葡萄牙和法国的长期缺勤现象最为严重。只有奥地利和爱尔兰的长期缺勤率明显低于英国。

2017年北京易普斯企业咨询服务中心对我国1576名白领进行的关于工作压力的一项调查结果显示，有45％的人觉得压力较大，有21％的人觉得压力很大，有3％的人觉得压力极大，濒临崩溃。

我国人力资源开发中心发起的"2015年中国员工心理健康"调查结果显示，有25.04％的被调查者存在一定程度的心理健康问题。

数据显示，我国约有70％的白领处于亚健康状态。

北京易普斯企业咨询服务中心对IT行业2000多名员工所做的调查表明，有20％的企业员工压力过高，至少有5％的员工心理问题较严重，有75％的员工认为他们需要心理帮助。

还有调查表明，我国职业白领的健康指数正在下降。由于企业的竞争压力上升，为了控制成本和获得利润，削减人力成本成了企业比较常用的手段。同样的工作量下，许多企业追求用人尽量少，效率尽量高。所以，这势必造成很多职业白领几乎每天都满负荷地工作，他们的身体健康问题逐渐浮出水面。健康指数调查结果令人担忧：45.79％的被调查者明确表示对自己的身体健康状况十分担忧，64.03％的被调查者表示不能经常参加体育锻炼和健身运动。而这些被调查者大多还正处于青壮年期。

2018年北京零点市场调查公司的一项调查结果显示，41.1%的白领正面临着较大的工作压力，61.4%的白领正经历着不同程度的心理疲劳。白领的健康状况令人担忧。调查通过快速压力问卷对白领目前的工作压力大小进行了评估。结果显示。工作压力较大的人占到了调查总人数的41.1%，是工作压力较小的白领人数的两倍。由此可以看出，目前相当一部分白领正面临着较大的工作压力。这就使得压力成为大家普遍关注的话题。

工作压力的大小体现着工作带给员工的紧张感的大小。一般来讲，过度或长期的紧张感会引起员工的心理疲劳，它是一种包含身体、情绪、人际等多方面的综合反应。零点的这次调查采用专门的心理学测评工具"枯竭量表"，对白领的心理疲劳程度进行评估。疲劳程度共分为5个等级：等级1意味着目前的状态良好，未出现心理疲劳；等级2代表着目前状态还可以，心理疲劳尚不明显；等级3说明目前已经在一定程度上表现出了心理疲劳，如果不加注意，很有可能会被工作搞得精疲力竭；等级4表示明显出现了心理疲劳，目前已经被工作搞得精疲力竭；等级5是危险等级，意味着目前心理疲劳非常严重，说明身心健康正在受到严重威胁。

从管理学角度看，当一位员工的心理疲劳程度达到等级3的时候，这位员工已经表现出了一定程度的心理疲劳症状，需要对工作压力的问题予以注意。从调查结果显示，心理疲劳程度在等级3及以上的人数占比达到了61.4%。也就是说，近2/3的公司白领正在不同程度地表现出心理疲劳的症状。不得不说，这是一个令人担忧的数字！

2020年职业白领的心理压力指数居高不下，所有被调查者中竟有20.80%的比例认为工作和生活的压力已经严重超过了自己的承受范围。更为严重的是，由于频繁地在工作和生活中进行救火式奔波，有25.35%的被调查者表示根本没有自己的一套有效缓解心理压力的方法。

以下采自媒体与互联网的案例或许能够让我们窥一斑而知全豹。

W是一名业务经理，负责整个公司产品的销售工作，每天工作勤勤恳恳，尽职尽责，一心想把工作做好。可事与愿违，随着社会竞争日趋激烈，同类产品不断涌出，经济效益每况愈下，W感到越来越难做。而当初立下的军令状就像一座大山一样重重地压在他的身上，使他喘不过气来。

W越来越感到一种莫名的恐惧，担心完不成任务，担心被辞退，工作也越来越力不从心。高压之下，W干脆选择逃避，竟然三天没上班，手机也关掉，但他在家什么事情也做不了，约朋友出来聊天也显得心事重重。到了第四天，垂头丧气的W找到心理医生说："现在的我真是累啊，一进公司就感到紧张，自己以前的那种干劲不知到哪里去了。现在我只想找个安静的地方，静静地睡上一觉，再也不想面对这些烦恼的问题。"

…………

世界卫生组织称工作压力是"世界范围的流行病"。

国际劳工组织发表的一份调查报告认为："心理压抑将成为21世纪最严重的健康问题之一。"企业管理者已日益关注工作情景中的员工压力及其管理问题。因为工作中过度的压力会使员工个人和企业都蒙受巨大的损失。

对于职场压力，我们无法再保持缄默。

六、压力对生理的影响

医学权威估计,大约有一半或四分之三的疾病和意外事故都与压力过大有关。压力过大的后果有两种:生理后果和心理后果。这两者常常是无法分开的,但为了讨论的方便,我们把它们分开来讨论。

当身体感受到压力时,能量系统的反应是:

1.从肾上腺把肾上腺素和去甲肾上腺素释放到血液里,作为高效兴奋剂,提高反应速度,加快心跳频率,升高血压,提高血糖浓度,促进身体的新陈代谢。其结果是提高了瞬时承受能力和反应能力,因为大量的血液被输送到肌肉和肺部,加大了能量供应,加快了反应速度。但如果所有这些没能转化成瞬时行动,长期持续下去会导致心脏病、中风等心血管疾病,还会因血压升高而出现肾损坏,因血糖浓度失调而加重糖尿病和低血糖病。

2.从甲状腺把甲状腺素释放到血液里,加快身体的新陈代谢,增加能量消耗率并转化成身体活动。但若持续时间过长,这种全速新陈代谢会导致心力衰竭、体重减轻,最终使身体垮掉。

3.从肝脏把胆固醇释放进血液,使能量进一步增加以帮助肌肉运动。但是,胆固醇的比例持续上升在很大程度上增加了动脉硬化的危险,这是心脏病的主要诱因。

当身体感受到压力时,能量支撑系统的反应是:

1.关闭消化系统,使血液能够从胃里转入肺部和肌肉发挥作用。同时,嘴变干燥,这样,胃连处理唾液的任务都没有了。但是,一旦消化系统关闭时间太长,会导致胃病和消化功能紊乱,尤其当我们把食物强行塞入此系统之时。

2.皮肤反应。血液从皮肤表面转移,挪作他用(在沉重压力下呈现苍白特征),同时汗液生成,帮助冷却由于突然的能量涌入而过热的肌肉。但是,如果皮肤想保持健康,就需要血液供应。出汗过多不仅使人不舒服,而且还会失去宝贵的身体热量(这种热量需要用能量来代替),使体内天然恒温器失调。

3.扩大肺部的空气通道,使血液汲取更多氧气。此过程可以用加快呼吸频率的方法来完成。但血液中氧气过量会使人头晕目眩、心律紊乱。

当身体感受到压力时,调节系统的反应是:

1.从下丘脑释放出的内啡肽进入血液,成为一剂天然止痛药,减轻身体对伤痛的敏感度。但是,当内啡肽被耗尽,我们就会对日常生活中的头疼脑热更加敏感。

2.从肾上腺释放出肾上腺皮质素进入血液，可以减少扰乱呼吸的紧张反应。但是，这会降低身体对各种感染（甚至包括癌症）的抵抗力，甚至会增加消化性溃疡的危险。一旦短时效力消失，紧张反应会以更强的力量反击（就像哮喘病在压力下会恶化一样）。

3.感觉会变得更加敏锐，心理机能得到改善，产生短期的功能增强效应。但是，如果超过特定的限度，或拖延时间太长，这些效应会产生反作用，损害感觉和心理的反应。

4.减少性激素的产生，可以避免能量或注意力向性冲动转移，减少随之而来的怀孕生育造成的精神涣散。但是，如果抑制过度，会导致阳痿、性冷淡及其他一些疾病。

当身体感受到压力时，防御系统的反应是：

血管收缩，以便降低血流速度，加速身体受到伤害时血液的凝结。但心脏被迫加大工作量以把淤血强行挤过动脉和静脉，既增加了心脏的负荷又增加了血块形成的机会。患心脏病和中风的风险也因此加大。

七、压力对心理的影响

压力过度对人的心理的有害影响是因人而异的。英国著名临床心理学家戴维·丰塔纳把过度压力对人心理的有害影响划分成三类：对思考和理解的影响（认知影响），对情感和性格的影响（情感影响），对认知和情感的等同影响（综合行为影响）。

1. 过度压力的认知影响

（1）专心和注意的范围缩小。难以保持聚精会神，观察能力减弱。

（2）注意力分散的范围增加。经常遗忘正在思考或谈论的事情，甚至刚进行到一半就卡壳了。

（3）短期和长期记忆力减退。记忆范围缩小，对非常熟悉的事物的记忆和辨别能力下降。

（4）反应速度变得无法预料。实际的反应速度减小，弥补的尝试可能导致莽撞的决策。

（5）错误率增加。上述因素所造成的后果便是在处理和认知事物时错误百出，做出的决策令人怀疑。

（6）组织能力和长远规划能力退化。头脑没有能力准确地估计现存的条件并预料未来的后果。

（7）错觉和思维混乱增加。对现实的判断缺少效率，客观公平的评判能力降低，思维模式变得混乱无章。

2.过度压力的情感影响

（1）身体和心理的紧张度增加。过度的压力使肌肉放松、感觉良好的能力以及抛却烦恼和焦虑的能力下降。

（2）多疑病症加重。幻想并加大压力所带来的病痛，健康快乐的感觉消失殆尽。

（3）性格发生变化。爱清洁、很仔细的人会变得邋里邋遢、马马虎虎，热心肠的人会变得冷漠，民主的人会变得独裁。

（4）已经存在的性格问题加剧。已经存在的焦躁、忧郁、神经过敏、自我防范、充满敌意的性格更加恶化。

（5）道德意识和情感准则被削弱。行为规范意识和对性冲动的控制力减小（或相反，变得不切实际地暴躁），情绪爆发的次数增加。

（6）出现悲观失望和求助无望的心理。精神萎靡不振，一种不能对外界事物或内心世界产生影响的感觉油然而生。

（7）自我评价迅速下降。无能力、无价值的感觉增强。

3.过度压力的综合行为影响

（1）语言问题增加。已经存在的结结巴巴、吭吭哧哧、含含糊糊的语言现象加重，而且还可能出现在尚未有此症状的人身上。

（2）兴趣和热情减少。人生目标已荡然无存，兴趣爱好成了过眼云烟。

（3）旷工次数增加。由于假想病的产生，自己制造出许多借口，于是迟到、旷工成为家常便饭。

（4）滥用毒品增加。对酒精、咖啡因、尼古丁成瘾。

（5）精力不济。精力衰退、起伏不定，找不到明显原因。

（6）睡眠被搅乱。或失眠，或每4个小时就瞌睡一次。

（7）以玩世不恭的态度对待委托人和同事，发展到处处向人发难。经常发表如下言论："你能跟那种人做什么事？""他们6个月内又要倒霉的。""除我之外还有谁操心？"

（8）新的信息被忽视，甚至可能把非常有用的新规则和新知识拒之门外。"我这么忙哪有工夫管那些事。"

（9）转嫁责任于他人。重新划分界线，把本属于自己的责任划出了界外。

（10）表面上问题都得到了解决。采取弥补或短期解决的办法，不做深入细致的调查，在某些方面采取"事不关己，高高挂起"的态度。

（11）出现稀奇古怪的行为。古怪、出人意料、无性格特征的行为产生。

（12）有自杀的倾向。产生"一了百了""活着无用"的观点。

八、白领健康的九大"杀手"

"亚健康"状态在从事企业管理、商业活动的人中所占的比例最高。

最近，国际劳工组织的一项调查显示：在美国，大约8000万人有心理缺陷；在芬兰，超过50%的劳动者已经出现一些和压力有关的症状，7%的劳动者体力严重透支，这导致他们疲倦、愤世嫉俗和睡眠失调；在德国，抑郁性失调症患者占了提前退休者的将近7%，因抑郁症而失去工作能力的时间比因其他疾病而失去工作能力的时间多出1.5倍。过度工作明显导致了个人的有效工作生涯缩短。

有效工作时间的缩短是由于"亚健康"这一慢性杀手的存在。亚健康就是人体介于健康与疾病之间的边缘状态，又叫"慢性疲劳综合征"或"第三状态"。简单说，亚健康就是不健康。

不久前，一项针对上海、无锡、深圳等地1197名成年人健康状况的调查结果显示：66%的人有多梦、失眠、不易入睡等现象；经常腰酸背痛者为62%；记忆力明显衰退的占57%；脾气暴躁、焦虑的占48%。另有调查结果表明，这种在城市里比较多见的"慢性疲劳综合征",也就是亚健康的另一种说法,在新兴行业中的发病率为10%～20%,在某些行业中更高达50%,如科研、新闻、广告、公务员等。

中华医学会曾对33个城市、33万各阶层人士作了一次随机调查,结论是:我国亚健康人数约占全国人口的70%,其中沿海城市高于内地城市,脑力劳动者高于体力劳动者,中年人高于青年人;而高级知识分子、企业管理者的亚健康发生率高达70%以上。

工作环境紧张、工作压力比较大的人出现亚健康症状的可能较大。以前的亚健康人群中,35岁以上的白领占多数,现在有许多年轻人也出现了不同程度的亚健康症状。有人总结说,一共有九大"杀手"在追袭白领健康。这九大"杀手"归根结底还是"过度工作惹的祸"!

到底是哪九大"杀手"呢?

(1)工作时间长。

白领工作的最大特性,就是工作时间长。那么,办公室常亮起挑灯夜战的灯光也就不足为奇了。

(2)工作压力大。

白领排名第二的特性,是工作压力大。身居各行各业的白领阶层会聚了不同专业的顶尖人才,肩负着工作单位赋予的强大使命和工作重担,因此人与人之间的竞争尤为激烈。这样的工作态度,逐渐形成一种"不断挑战自我"的企业文化,因而造成常态性的工作压力。

(3)睡眠不足。

2020年3月18日,中国睡眠研究会理事长张景行教授公布了该学会对我国500万家庭进行的睡眠健康状况的调查结果。调查显示,高达38.2%的中国城市居民存在着不同程度的失眠症状,而白领们更是构成这一数字的主力军。

由于经常性地超时工作,"睡觉"已成为白领生活中最大的奢侈。在苏州工业科技园区工作的白领王沐华表示,大多数的白领都住在公司提供的宿舍内,所以平常工作到晚上10点都是正常的;而回到宿舍后,多数人还会上网找资料,或者是玩在线游戏、听音乐。由于经常每天只睡5个小时,利用周末假日补觉,也就成为白领难得的享受,不过也因此失去了参与各种聚会活动的机会,使得生活圈越来越狭窄。

(4)职业病增多。

近几年,青壮年白领猝死在工作岗位上的新闻屡见不鲜。引起社会关注的一个隐形"杀手"——职业病正悄悄地将魔爪伸向都市白领。其实工作时间长及工作压力大,后遗症就是职业病也多。去年,某科技公司的员工进行年度体检，发现员工普遍有尿酸偏高的现象。除此之外，公司的员工还有血脂高、脂肪肝、体重超标、胃病、痔疮等毛病。这些都是工作时间长、用脑过度、工作压力大、饮食不正常及运动量偏低所引起的。再者，大家都在员工餐厅内解决三餐，而员工餐厅偏咸的大锅饭式烹调，也是血压偏高的帮凶。

（5）与家人相处时间短。

有个温暖的家，是白领普遍的梦想，但对于住在宿舍的单身白领来说，只能每隔一段时间定期回家探视父母；而对已婚的白领来说，家庭生活通常也成为事业发展的牺牲品。早上出门时，小宝宝还没起床；晚上回到家，小宝宝早就入睡了。但是为了工作却必须牺牲与孩子共同相处的时间，最后也只能用物质及最好的教育，来弥补对孩子的愧疚。

（6）不进则退的学习压力。

不管从事哪一行业，只有每天持续不断地进修，才能保证自己不被追上，而白领在这方面的感受和压力特别明显。

（7）追求高效率。

速战速决、保质保量地完成工作任务是白领们提高效率的一种工作方式，今天做这项工作花了30分钟，明天就要想办法缩短到25分钟，接下来还要设法缩短到20分钟。为了让工作效率发挥到淋漓尽致的地步，他们就要将更严的要求、更高的目标排上日程。

（8）工作环境压抑。

界线分明的格子间及上司严肃的表情，给本来就很紧张的白领人士雪上加霜。"工作环境太压抑了"是白领最常说的一句话，也难怪他们上趟厕所也要匆匆忙忙，也难怪白领会觉得世界上最难懂的就是人。总而言之，工作环境太过死板、没情调。

（9）与人沟通机会少。

特别是一些科技白领，每天所面对的都是图纸、文案、计划等，等待解决的问题一大堆，因此与人面对面沟通的机会很少，与人沟通也多半通过机器进行，如果在沟通过程中遇到问题，至少不太尴尬，或者可选择直接离开。久而久之，白领也就习惯跟没有表情的机器沟通，遇到活生生的人反而不知道该怎样相处。

第二章
生活压力,就看你如何去调整

生活中的压力是来自自然界以及非自然界的变动,包括个人本身、周围环境的刺激所造成个人身体以及心理的不适应状态。我们在分析这些压力源的同时,时时自我调整心态才是更重要的。

一、羡慕别人造成的压力

羡慕别人常会给我们带来更多的痛苦和压力，但若去想想我们自己所拥有的，我们将会得到更多的感恩和幸福。因为，每个人身上所有的特性都是与生俱来的，是别人不可能拥有的，何不用坦然的心来接纳上苍赐给我们的这些也许不是最好，但一定是最合适的一切呢？

《伊索寓言》中有一个关于乡下老鼠和城市老鼠的故事。城市老鼠和乡下老鼠是好朋友。有一天，乡下老鼠写了一封信给城市老鼠，信上这么写着："城市老鼠兄，有空请到我家来玩，在这里，可享受乡间的美景和新鲜的空气，过着悠闲的生活，不知意下如何？"

城市老鼠接到信后，高兴得不得了，立刻动身前往乡下。到那里后，乡下老鼠拿出很多大麦和小麦，放在城市老鼠面前。城市老鼠不以为然地说："你怎么能够老是过这种清贫的生活呢？住在这里，除了不缺食物，什么也没有，多么乏味呀！还是到我家玩吧，我会好好招待你的。"乡下老鼠于是就跟着城市老鼠进城去。

乡下老鼠看到那么豪华、干净的房子，非常羡慕。想到自己在乡下从早到晚,都在农田上奔跑,以大麦和小麦为食物,冬天还要不停地在那寒冷的雪地上搜集粮食,夏天更是累得满身大汗,和城市老鼠比起来,自己实在太不幸了。

聊了一会儿,它们就爬到餐桌上开始享受美味的食物。突然,"砰"的一声,门开了,有人走了进来。它们吓了一跳,飞也似的躲进墙角的洞里。

乡下老鼠吓得忘了饥饿,想了一会儿,戴起帽子,对城市老鼠说:"还是乡下平静的生活比较适合我。这里虽然有豪华的房子和美味的食物,但每天都紧张兮兮的,倒不如回乡下吃麦子来得快活。"说罢,乡下老鼠就离开都市回乡下去了。

这则寓言使我们看到,只有适合自己的才是最好的。即使人们都曾经对不同的世界感到好奇、有趣,但是,他们最后还是都回归到自己所熟悉的生活环境里。

俗话说:"知足常乐。"然而嫉妒的心理就像一根盛夏的小草,常常在不经意间疯狂地生长,遮掩了生活中的阳光雨露,使我们陷入无尽的痛苦之中。

有这样一则故事。有一只蜗牛总是对一只青蛙很有成见。有一天,忍耐许久的青蛙问蜗牛说:"蜗牛先生,我是不是有什么地方得罪了你,所以你这么讨厌我。"

蜗牛说:"你们有四条腿可以跳来跳去,我却必须背着沉重的壳,贴在地上爬行,所以,心里很不是滋味。"

青蛙说:"家家都有本难念的经。你只看见了我们的快乐,却没有看见我们的痛苦。"

这时,有一只巨大的老鹰突然来袭,蜗牛迅速地躲进壳里,青蛙却被一口吃掉了。

还有这样一则故事。一只羚羊看到大象把树上的树枝卷下来,并吃掉枝上的叶子。然后又走到河边,用它的长鼻汲水,轻松愉快地向空中喷去。

羚羊很羡慕大象所做的一切。

于是,它请上帝给它一根长鼻子。它果真如愿以偿。羚羊高高兴兴地带着长鼻子回到羊群当中,并且向大家展示长鼻的功用,羊群惊讶地看着它的表演。

此时,一只饥饿的狮子来了,羊群看到狮子立即拔腿就跑,但是那只带着长鼻的羚羊却无法快速脱逃,狮子一下子跳上去,把它吃了。

这是一个令人伤心的故事,然而,这类故事的导演,真的就是你自己。

爱美之心人皆有之,在现实生活中,向善向美的羡慕是一件好事,然而,对别人或者外物的羡慕超出了正常程度,事情就坏了。

沉湎于对别人的羡慕中的人们，有着这样一个共同的特点。他们总是在用自己的短处与别人的长处相比，而且，也忘却了"尺有所短，寸有所长"这句话的意义。下面请看看一个成功人士是怎样走出羡慕别人的误区的。

一场暴雨过后，金克拉家后面的巷子变得寸步难行。但是，他一定要开车穿过巷子才能到达车库，他困在巷子里，整整挣扎了几十分钟，想把车子从泥浆里开出去。他想尽了一切办法，都徒劳无功，最后，只好打电话找拖车公司。公司派来的职员看了现场之后，问他能不能让自己开他的车试试看。但他一再强调绝对没用，职员却很有信心，平静地要求他让自己"试试看"。

金克拉答应了，不过，还是不相信他会成功，并且提醒他别把车轮子磨坏了。职员坐上驾驶座，轻轻转动方向盘，启动引擎，操纵了几次，不到半分钟，就把车开了出来。金克拉既惊讶又敬佩。职员说他在德州东部长大，驾车经过泥浆早就习以为常。金克拉相信这人绝对不比他"聪明"，只是拥有他所缺乏的经验而已。

事实上，我们羡慕许多人的技巧与成就，他们也羡慕我们的技巧与成就。每个人都有自己独特的技巧、才能与经验。经验不同，并不表示你不如别人，或别人比不上你。

为别人会做，而自己却不能做的事自卑，不如想想你会做哪些别人做不到的事：在佩服别人技巧的同时，别忘了只要花同样的时间与努力，你也可以使自己的技巧大为改善。你们之间的差别只是经验不同而已。

记住：盲目羡慕别人只是在制造压力，结果只会让你的人生陷入压力不能自拔。

二、期望值过高会产生压力

一个心理健康的人应该能够对自己的能力做出客观的评价,把奋斗的目标确定在自己通过努力可以达到的范围内,并依此付诸实践。

有一个对幼儿的期望的测试是这样的。在一所幼儿园的一棵树上挂满苹果,苹果有大有小,越高的苹果越大,大的苹果诱惑也大,但往往是孩子们可望而不可即的。游戏的规则是:在10分钟内,不借助任何外界力量,凭自己的能力与努力拿到苹果,而且拿到的苹果归幼儿所有。

游戏中树的高度是根据幼儿的身高制作的,目的是让孩子们学会如何确定合理的目标,及通过自己的努力拿到苹果后感受到良好的体验,增强信心。结果大部分幼儿对那些挂得较低的、轻而易举就可以得到的苹果不屑一顾,他们感兴趣的往往是那些靠自己跳一跳、伸一伸手可以拿到的苹果;只有极个别的小朋友随手摘了一个苹果就走开了;还有几个小朋友一直盯着挂在最上面的几个又大又红的苹果,然而由于游戏规定不能借助任何外界力量,他们只能凭自己的努力去拿,所以,这几个小朋友在规定的时间内没有拿到苹果。

在这个游戏中，树上的苹果就像人的一种预期目标，大的苹果固然有其强大的吸引力，却未必人人都能得到。若想得到良好的结果，重在量力而行。

期望是指向未来的一种倾向，合理的期望会成为行动者的行为动力，是对自己付出努力能够达到什么样的成绩，提出的一种预期。但过低或过高的期望都是不合理的。过低的期望往往不能提起一个人的兴趣，轻而易举就能得到的东西容易被忽视。而过高的期望则会增加行动者的压力，增强挫败感。若预期的目标达到了，就能使人的信心得以巩固和增强，并使自己的心理机能处于良好的竞技状态，同时，也为下一次努力奋斗奠下坚实的基础。很多人在进入一个"人才济济""人外有人"的新环境后，之所以处处碰壁，最大的原因就在于他们没有确立好自己的预期目标，给自己定一个合适的期望值。因此，在一个新的环境下，更需要重新衡量自己的实力，给自己重新定位。

跳一跳，够得着的地方就是你要实现的最近目标。学会为自己订个合理的目标，是每个人都应认真对待的问题。学会量力而行，学会客观评价自己的能力，并在不断地前进中增强自信，达到最终目标。

有一个关于期望的看似很难回答的问题："我们能不能

吃掉一头大象？"而实现这样的一个期望，表面上看来的确有很大的难度。

这里可以告诉你，吃掉一头大象的方法就是"一口一口地去吃"。同样地，把一个大的目标分解成一个个小的目标，然后，从第一个目标开始做！这个世界上没有任何捷径能够一步登天，只有脚踏实地，才能走得稳，走得远。对自己有一个切合实际的期望，就如同为自己量身定做一个切合实际发展的目标一样。山田本一的例子便正好说明了这一点。

1984年，在东京国际马拉松邀请赛中，名不见经传的日本选手山田本一出人意料地夺得了冠军。当记者问他凭什么取得如此惊人的成绩时，他说了这么一句话："凭智慧战胜对手。"当时，不少人都认为这个偶然跑到前面的矮个子选手是在"故弄玄虚"。

10年以后，这个谜底终于被解开了。他在自传中是这么写的："每次比赛之前，我都要乘车把比赛的路线仔细看一遍，并把沿途比较醒目的标志画下来。比如第一个标志是银行，第二个标志是一棵大树，第三个标志是一座红房子……这样一直画到赛程的终点。比赛开始后，我就以跑百米的速度，奋力地向第一个目标冲去，过第一个目标后，我又以同样的速度向第二目标冲去。起初，我并不懂这样的道理，常常把我的目标定在40公里外的终点那面旗帜上，结果我跑到十几公里时就疲惫不堪了。我被前面那段遥远的路程给吓倒了。"

其实，要达到目标，就像上楼一样，不用楼梯，一楼到十楼是绝对蹦不上去的，相反，蹦得越高就摔得越狠。必须是一步一个台阶地走上去。就像山田本一一样，将大目标分解为多个易于达到的小目标，一步步脚踏实地，每前进一步，达到一个小目标，他便体验到了"成功的感觉"，而这种"感觉"强化了他的自信心，并将推动他稳步发挥潜能，以达到下一个目标。

大成功是由小目标所累积的，每一个成功的人都是在达成无数的小目标之后，才实现了他们远大的梦想。因此，在你向自己的远大目标迈进的过程中，不妨像山田本一那样，把它分解成一个个的小目标，然后逐个地去实现它们。在自己合理的期望下，自身的压力指数无形间便下降了。

三、焦虑造成的压力

每个人都需要一个知己或好朋友。发掘和不断增进这种友谊,并努力品味和体验这种友谊给你带来的美好感觉,你会发现,这种努力是值得的。

在如今快节奏的现代生活中,社会交往日益增多。社会交往的成败往往直接影响着人们的升学就业、职位升降、事业发展、恋爱婚姻、名誉地位,因而使人承受着巨大的心理压力,由此产生焦虑情绪,造成心神不宁,焦躁不安,严重影响其工作和生活。相关方面的专家在多年的心理咨询工作中发现,咨询者中50%存在不同程度的焦虑情绪,常见的表现如下列实例。

谈判焦虑。一位来自香港的年轻老板黄先生,曾有很好的经商业绩,他到内地发展事业后,还娶了有经济专业硕士学位的瞿小姐为妻。他因感到自己对大陆政策、风俗了解较少,普通话也讲不好,故在商业谈判中总是怕开口,全依赖太太做他的代理人。而瞿小姐毕竟年轻,经商经验不多,自信心不足,因而同丈夫一起进行心理咨询。

同事焦虑。英语专业毕业的路小姐业务能力极强,走到哪里都会得到上司的赏识。她工作6年均在合资公司，但竟然换过8家公司。为什么频繁跳槽？其实，既不是她不适应业务，也不是老板炒她鱿鱼，而是每次都是她自动离职。原因只有一个，她困惑地对心理医生说："我不知道如何与同事相处。为什么总有人造谣诬蔑我？总有人排挤我？他们有人向老板告我的黑状？我也没有做错什么，为什么不能容忍我的存在，我只好逃避……"

媒体焦虑。某下属乔女士，由于她的工作近年来得到政府重视，各种媒体频繁地对她进行采访，"上镜"机会很多。但工作中某些难言的苦衷，使她对媒体的采访越来越反感，多次出现与记者的矛盾冲突。经心理测试，心理医生发现乔女士患上了焦虑性神经症。

着装焦虑。中青年女性容易产生与化妆或着装有关的焦虑情绪。简女士说："我一看见别人比自己会打扮，就会像打了败仗一样，情绪一落千丈！"钟小姐说："在某些隆重的场合，感到自己服装色彩的搭配不和谐，服装的样式也不够时髦，顿时像被人家扒光了衣服一样无地自容！"……

另外，还有如亲友焦虑、校友焦虑、餐桌焦虑等。

形形色色的焦虑情绪不胜枚举，它们像病菌一样侵蚀着人们的精神和肌体，不仅妨碍一个人畅通无阻地进行人际交往，还会直接影响人们的身心健康。其实，分析一下产生焦虑情绪的原因，无非是自我评价过低，忽视了自己的优势和独特性。

我们对焦虑情绪进行进一步剖析就会发现如下特点。例如，有人做事急于求成，一旦不能立竿见影地取得所谓的成功，就气急败坏地从精神上"打败"了自己，这是焦虑陷阱之一。认为自己的表现不够出色，被别人"比了下去"，丢了面子，于是就自责，自惭形秽，产生羞耻感，这是焦虑陷阱之二。缺乏多元化的观念，以为做不好的事情都是自己的责任，认为努力与回报不成正比，埋怨社会不公平，这是焦虑陷阱之三。绝对化的评价方式，常常会导致自己否定自己，这是焦虑陷阱之四。

在我们的传统观念里，人们总是追求十全十美，言行举止、吃喝穿戴都要"看着权势做，做给权势看"。实际上，那是一个温柔美丽的陷阱。其实，人类是地球上最高级的社会性动物，人群本身就是极其多样性和多元化的，正像大象、小兔、犀牛和长颈鹿不能相互比较一样，每个人都有自己的"自我意象"，每个人的个性、能力、社会作用等，都是他人不可替代的。所以，要排除来自社会的心理压力所造成的焦虑，就必须改变自己的想法、活法。

四、贪婪给人无休止的压力

我们每个人都渴望成功,人人都在不断地寻找失败的原因,寻找成功的方法,探索成功之路,来实现自己成功的梦想。但是,要知道成功也是种压力。许多人成功后,害怕失败,一种危机感终日伴随左右,做任何事情,都要步步为营,防患于未然,故而活得非常累。你经常会听到这样的慨叹:活着真累!

老子说:"持而盈之,不如其已;揣而锐之,不可长保。金玉满堂,莫之能守;富贵而骄,自谴其咎。功成身退,天之道也!"

意思是说:盛在任何器皿里的水,太满了就要溢出来。刀锥能用就行了,如果磨得太锐利,锋芒太露,就很容易折断。一个人金银财宝太多了,会遭到别人的觊觎,也会因此生活糜烂,最后反而不能保有这些财宝。所以,人在成功之后,就应急流勇退,这才合乎自然之道。

现实生活中,该有多少成功者因贪婪而重蹈失败,最终落魄。且记住:人生莫贪念,贪图得越多,失败得也就越惨烈。

伟大的作家托尔斯泰曾讲过这样一个故事。有一个人想得到一块土地,地主就对他说:"清早,你从这里往外跑,跑一段就插个旗杆,只要你在太阳落山前赶回来,插上旗杆的地方都归你。"那人就不要命地跑,太阳偏西了还不知足。太阳落山前,他跑回来了,但人已精疲力竭,摔了个跟头就再没有起来。

在这个人的葬礼上牧师在给他做祷告的时候指着墓地说:"一个人要多少土地呢?就这么大。"

人生的许多沮丧,都是因为得不到想要的东西。贪婪,是人性的恶习,贪得无厌者,终毁其己。贪往往给人造成精神上无止无休的压力,最终导致了无谓的伤害,损人不利己。物欲太盛,造成的灵魂变态就是永不知足。没有家产想家产,有了家产想当官,当了小官想大官,当了大官想成仙……精神上永无宁静,永无快乐,无时无刻不被欲望所困扰。因此,我们要在这无限度的欲望中保持一份清醒,在茫茫人海中找到自己的位置。

所以说,做人最重要的是有一个根本的原则,在长辈那儿是关怀,在朋友那儿是友谊,在妻子、女友(或丈夫、男友)那儿是信任。有了这些根本原则,无论你在外面怎么折腾,多么风光,都能找到人与你真心分享;反之,即使你跌个头破血流，一无所有，世界上还有个肯为你分担苦难的人。而一味地永不知足下去，最终的结果也只能是因贪得无厌而自我毁灭。正如托尔斯泰所说："欲望越少，人生就越幸福。"古往今来，被难填的欲壑所葬送的贪婪者，多得不计其数。

著名演说家卡耐基曾这样说过："要是我们得不到我们希望的东西，最好不要让忧虑和悔恨来苦恼我们的生活。"要知道，即使我们拥有整个世界，我们也只需一日三餐，只睡一张床。人要学会知足。

我们快乐是因为帮助别人得到快乐，努力做自己喜欢的工作，不嫉妒和怨恨别人，爱人类之所有，并且尊重他们，不求任何人施予恩惠，只求生活所需。知足，才能常乐，才能免除恐惧与焦虑。只有这样，才能把自己从贪婪的精神桎梏中解救出来。

知足，是思悟后的清醒。它不但是超越世俗的大智大勇，也是放眼未来的豁达襟怀。谁能做到这一点，谁就会活得轻松，过得自在，遇事想得开，放得下。

五、顾忌他人会产生压力

生活属于每个人自己。我们想做什么，没有必要去征求其他人的同意。但实际上，有很多人往往因为害怕遭到他人的反对，而不愿为自己的一生做决定，不愿进行新的尝试。

如果我们过于依赖别人对我们的好评，把它视为自己幸福生活的组成部分，这时候会产生一个问题：那到底是谁的生活、谁的幸福？如果是你的生活，那么，什么能够让你快乐，什么不能？选择的权利在你自己手里。你当然不能用自己的行为伤害他人，但是，这并不意味着你要按照他人的喜好来做出决定。如果是那样，你和他人的奴隶又有什么区别？

如果你还没有开始从事自己喜爱的工作，这时候，过于期待别人的祝福，对你将有百害而无一益；如果你总是期盼他人的赞同，久而久之，就会伤害你的自尊自信。我们一生要从事的事业，即使不被他人认可，只要自己认定，就要去坚持。这时候，虽然我们仍然应该倾听他人的意见，学习他人的经验，但不必因为他们的见解，就变更自己预定的轨道，不必因为他们的看法和我们不同，我们就失去了坚持自己观点的信心。相反，只要自己认为是正确的，就应该坚持。

让别人的想法左右自己的行动，这是一个预兆，表明你对自己的思想没有信心。如果你希望自己支配自己的生活，对个人事务的决定权就是一个非常重要的方面。如果每次你都临阵退缩，回避本来应该由自己做出的决定，或者，要征得别人同意才能做最后的决定，这会带来一个很大的问题，那就是，你已经失去了支配自己生活的权利。

要培养自立的精神，自己做决定，并承担它的后果。我们一生难免会做出许多让自己后悔不已的决定，但这些决定并不是没有价值，我们正是这样才不断吸取经验、不断成长的。正是因为有了今天的失误，我们将来才能够做出更明智的判断和选择。所以，我们要自己去摸索。我们无法让所有的人都对我们满意，所以，我们要打消这个念头，周围的人对我们的言行举止不满意，这是经常发生的事情，这种时候，我们要做的就是坚持自己，只要自己认为是正确的。

不要把心思花费在如何取悦别人上，你是什么样子就是什么样子。如果有人不喜欢，只管由他去，不要让别人的评价影响你的心情，也不必以为，有必要向旁人证明自己始终是正确的。要相信自己，相信自己做出的决定，并承担由此而来的责任。我们所要避免的，就是每次自己有所行动的时候，都要去等待别人的认可。你的生活属于你自己，你可以按照自己的方式去生活。

六、小事带来大压力

生活中，人们往往比较重视那些较为重大的事件（如丧偶、离婚、退休、更换工作、搬家、人际矛盾、生活学习环境改变等），因为这类事件很容易产生较大的心理压力，却常忽视"小麻烦"对心理产生的负面影响，也很少仔细地考虑该怎么正确对待这些小事情。

其实，日常生活中，给人们带来困扰的琐事很多，如果处理不当，很容易"引火烧身"。

首先，有些人不能正确看待这类小事情。事实上，某一件事会给我们造成心理压力，与个人对这件事的评价有很大关系。例如，天气不好，已安排好旅游的人为此感到扫兴，上班的人则觉得这很平常。因此，人们对事情的看法是产生心理压力的一个因素。

其次，这和人们对待事情的方式有关。有的人遇到事情是积极面对现实，尽力克服困难，对于超出自身能力的事能客观对待，不求超出现实的结局，所以，即使面对麻烦，也能平和处之。

反之，如果该努力的却退缩，该回避的却硬顶，会使问题越积越多,压力也越变越大,最终形成影响身心健康的不良后果。那么,如果遇到这样的事情,该怎么处理才不产生心理问题呢?

其一,要学会合理评估日常生活中的麻烦事。首先,应该想一想发生的事情是好的、不相干的,还是会产生压力的。然后,考虑用什么办法来对付,并用想好的方法去应对。在处理问题的过程中,对所用的方法可做适当调整。通过对问题进行合理评估,当事人可获得良好的情绪及平衡的心态。

其二,选择正确的方法处理事情也是减少心理压力的重要办法。有些事情需要直接去面对,并努力去克服困难。有些事情则应采取暂时回避的办法,避而不想,避而不做,暂时做些退让,具有暂时缓冲的效果。同时,还要尽力去发现可以求助的途径,充实自己抵御困扰的能力。

最后,要学会调整想法。有的人讲究完美主义,凡事求全责备,以为大难当头,不可收拾,实际上是夸大了问题的严重性。如果理智地再思考一下,换一个角度去看,就不会有那些心理压力了。

第三章
职场压力,不要"嫁给工作"

对于工作投入了过多情感的直接后果是会投入过多的精力,这常常使得我们精疲力竭。心理学家迪娜·格鲁伯曼博士在她的《"精疲力竭症者"的快乐》一书中分析道:当你的生活在你所处的社会结构中失去意义时,就会出现"精疲力竭症"。

一、工作带来压力

上班族承受着各种各样的不同性质的压力。

（1）工作时间不定。在办公室内，无酬超时工作经常上演着。这一方面来自上司的不合理要求，另一方面也是员工为争取上司的嘉奖而形成的。员工接受了上述不合理的工作状况，实际上则是压抑了隐忍的疲惫负担。

（2）通勤时间过长。近年来，车辆快速增加，致使交通拥堵的情况日渐加剧，尤以一些大都市更为严重。往往令上班族耗损大量的时间与精力。每天如此，对员工上班的精神状态有不小影响。

（3）工作量不平均。不少办公室的工作常会有一会儿空闲、一会儿却忙得不可开交的情况。工作量不平均，有时空闲，有时忙碌，往往会影响办事者的情绪，造成压力。尤其是在空闲时不能做其他私人的事情打发时间，但忙碌时却又忙得"天下大乱"，这种情况是员工最感困扰的。

（4）呆滞的工作。变化不大的工作，使员工如机器般，不断重复该项工作，又不能允许任何差错，花费的精力因此更多。工作形态长时间固定，致使患有肩颈、手腕病变等职业病的可能增加，但这些却与升职机会不成正比。长期从事某项工作，容易产生郁闷呆滞的倦怠感，反之，成就感及满足感日减。

职业对身体健康或心理健康的影响已被发现、被重视；个人的心理健康对工作可能造成的影响，也在日渐受到重视。例如，美国曾有一个针对空中管制员的报告指出，情绪的因素已从工作表现中受到要求。该份报告中说明，空中管制员的工作是具有高压力的职业，这也就是为什么领航者必须定期做血压、心跳等检查，因为情绪上的健康与身体的状况良好一样重要，而情绪可以在数分钟内立刻变坏。

无论哪种性质的职业，都会为其工作者带来压力，但是，相关研究指出，失业的压力可能比具有重大责任的工作者所受的压力还要大，因为，资料显示，上升的患病率及早死率，与失业率的升高有着显著的正比关系。

二、不要"嫁给工作"

我们为什么会对工作倾注过多的情感在里面，以至于就好像是我们"嫁"给了工作？社会结构变化所导致的生存方式的变化是首要的原因。

不管是我国还是外国的媒体，在今天，关注最多的话题之一就是：反思现代化运动对于人类可持续发展及终极幸福的损害，并倡导在经济增长、环境保护、人之天性的充分发展等诸项指标的平衡中寻求幸福。

在这样平和的心态下，人们自然会像重视工作一样重视家庭和睦、天伦之乐、生活品质、邻里关系、爱情和友谊、个人兴趣、价值信仰、伦理道德等许多现代人深感久违了的"心灵鸡汤"。越来越多的观点认为，既不过劳也不空虚，既不脱离外界又不仰赖外界的生活方式使人们更容易获得或感到幸福。

在现代社会，随着土地的单产潜力被挖掘到极限，只要少部分人从事传统的农业生产就可以满足全体人类的基本生活需求。富裕的人们干什么去呢？美好的设想是"解放出来的人类"都去从事"与兴趣有关的"活动。这个设想有致命的缺憾，这表现为两个方面。一是"解放出来的人类"所从事的"与兴趣有关的"活动，这个兴趣究竟是谁的兴趣？是从事者本人的兴趣，还是别人的兴趣？如果是别人的兴趣，那么对于从事者而言，他所从事的活动绝不会比土地上的农业劳作更赏心悦目。二是其所从事的活动是功利性的还是非功利性的？如果是功利性的，这说明从事者要用自己的劳动成果去与别人交换生活资料，因此他要为别人的认可而非自己的认可而从事这项活动，这里面也就不存在兴趣得到满足所带来的愉悦的问题。这两个缺憾实际是同一个问题，它们说明了为什么现代人很少从工作中直接得到快乐。

这些富裕起来的人类个体（特别是都市人）失去了对土地这项"稳定收益来源"的掌控，而不得不投身于和别的个体合作，并必须在某个经济组织（企业）里与资本相结合才能发挥劳动力的价值，然后通过自己所获得的资本所得以外的剩余价值，去与别人交换自己所需的生产资料。

这一过程看起来与过去时代并无本质的区别：都是通过劳动获得生存和生活资料，只不过中间多了一道"交换"的程序。

正是这样深刻的原因，使我们不得不"爱上"并"嫁给了"工作！

对于工作投入了过多情感的直接后果是会投入过多的精力，这常常使得我们精疲力竭。心理学家迪娜·格鲁伯曼博士在她的《"精疲力竭症者"的快乐》一书中分析道：

西方科教社会开始出现一种游离于简单的实用需求和普遍社会认知的分化选择趋向。某种程度上，选择性较少的生活不致使我们出现"精疲力竭症"。当需求和普遍认知占上风时，我们知道必须做什么，而且这一事实本身就具有足够多的意义……但现在需求和认知都不再是过去的含义，在追求更多选择的同时，我们对其含义的理解也在改变……我们不再像以往那样确切地知道该做什么、不该做什么，或者哪些事情有必要去做，哪些没有必要。

格鲁伯曼的书中还引用了布卢斯·劳埃德教授的话：

当你的生活在你所处的社会结构中失去意义时，就会出现"精疲力竭症"。

有一位在伦敦工作、深受"过度工作"贻害的上海人在他的随笔文章中写道："现代人是多么希望拥有一切：事业、性、金钱、精神寄托、财产和家庭。可这就是现代人对于'平衡生活'的解释吗？同时要满足这么多需求是不是过分了点？或者更确切地说，人们的需求已经超越了物质的消费和生活方式，因而他们不再清楚什么才是真正的需求？"

这位作者的发问在引人深思的同时，不得不使人想到更深层次的问题：人们为什么陷入"过度工作"的泥潭，难道仅仅是由于人们的贪欲吗？就算是，那么人们的贪欲是怎样被急速催生的呢？

环境造就了今天的人的行为。可是再追问一句：这样的社会环境是由谁造成的呢？是人的贪欲。贪婪的人们本以为逃离繁重的土地劳动会得到更多的幸福，没想到结果却是：不仅没有获得更多的幸福，连以往的安全感和独立价值都失去了。

人不得不依赖资本，而资本是物。人在对物的依附日益加深的同时，丧失了自己作为"万物灵长"的超脱地位。人性的贪婪把人类推到了今天的境地。

三、辛勤工作不是成为工作狂

李紫涵是某咨询公司的员工。她说:"我们公司人手比较少,公司又处于高速发展时期,领导比较器重我,让我做的事情比较多。因为我比较喜欢具有挑战性的工作,上进心又强,所以工作起来特别投入,往往废寝忘食也要把工作做好。"李紫涵从小就样样拔尖,做什么事都想做到最好,她对事情远比对人更感兴趣。身边的同事、朋友都说李紫涵是个工作狂。

在我们周围,的确存在着一群像李紫涵这样的人,他们每天工作超过10个小时,脑子里从来没有周末、节假日的概念;他们基本上也不会有上下班的界限,家只是一个有床的办公地点,而办公室则随时可以成为他们加班时躺倒睡觉的"家";偶尔陪家人、朋友逛街散心,他们也多半是人在心不在,脑子里念念不忘的还是工作……对于工作,他们可以说是已经到了一种痴迷状态,一旦离开了工作,就会精神不振……这些人属于典型的工作狂。

属于工作狂的人勤奋、刻苦,上进心强,工作起来不知疲倦,而且往往对自己的期望值很高,急于表现自己的才华和能力。他们会常常处于失控状态，强迫自己事事做到完美，一旦出现问题或差错便会羞愧难当，甚至焦虑万分，却又将他人的援助拒之门外。他们经常在下班后还加班加点，甚至把工作带到家庭生活中。

曾有人做过一项关于工作压力的调查，结果为：86.6%的员工，每天感觉工作忙碌而紧张；71.2%的员工，下班后感觉疲惫不堪。从科学角度来讲，一般人正常的工作时间应为每天8～10小时，如果长期每天工作12小时以上，就会对人体产生压力。在现代生活中，来自事业的压力对人的危害是最大的，长期超负荷工作会给人的身心造成很大的危害。当不堪忍受这种超负荷的精神压力时，人们便很容易患上轻度抑郁症、高血压、缺血性心脏病等一系列疾病。

超常工作对人体的危害如此之大，于是，心理学家和健康专家给那些超常投入工作的工作狂提出了以下几点建议。

1.学会放慢自己的节奏

研究表明，一个人处于高度紧张状态，长期超负荷地劳心劳力，会导致机体内分泌失调、免疫功能下降，极容易"压"出各种疾病，使寿命缩短。而"新懒人主义"则主张忙里偷闲、闹中取静，主张放慢工作与生活节奏，让精神与心理放松。如将各种不必要的应酬免了；在工作时抽空伸个懒腰、打个哈欠，或站起来走动走动、喝上几口水；起床后、睡觉前在家中阳台上活动活动，饭后悠闲地散散步；上班与下班时提前下车走一两站路；等等。不要每天都把工作排得满满的，更不要每天都像冲锋打仗一样拼命。

2.平衡好事业与家庭的关系

工作狂往往具有很强的事业心和责任感，所以要降低对自己的要求和期望值，不要把工作视为人生价值的唯一体现，要注意平衡事业与家庭。

3.要有意识地减轻工作压力

不妨列一份工作日程表，先将自己手头的所有工作项目和工作时间一一写明，然后考虑哪些可以完全放弃，或至少暂时放弃，哪些可交由他人或与他人合作完成，最终列出新的工作日程表。

4.要注意劳逸结合

要培养一些与工作无关的爱好。可以在工作8小时之外给自己安排一些有益的活动。如能接受心理医生的科学治疗，情况会更好。

5.不要把工作带回家

家是休息放松的地方，不要把工作带回家。在家中生活要随意自由些，衣服鞋子可以穿得随便些，可以听听音乐，看看电视，可以经常与家人一起喝喝茶。家中不管老少，可以开开玩笑，享受天伦之乐。假期时，全家可以外出游玩。

　　工作是永远做不完的，工作虽然重要，但是生活和健康更重要。

四、不要让工作压力上瘾

竟然有57%的都市白领对自己的未来路线把握不足！缺乏明确的长远目标将使他们更容易沉溺于没有激情的压力上瘾状态。

在关于"压力上瘾"的调查中发现，当今陷入压力上瘾的都市白领已经占了白领群体中压倒性的多数——将近70%。而女性比男性更容易陷入压力上瘾状态。因为女性对压力的感知比男性更敏锐，反应也更强烈。天生更加感性的女性比男性更难忍受按部就班、缺少情趣的生活。在接受调查的100位白领人士中：有52%的被访男性和82%的被访女性已经陷入了压力上瘾，处于明确的"压力上瘾"状态。联想起传统社会制度中，男性和女性的社会分工被定义为"男主外，女主内"，也许从男人和女人各自与生俱来的"天性"角度来说，是合理的。本调查还发现了一个重要的"差别"：那些认为自己陷入过度工作陷阱的女性更愿意向调查小组的工作人员倾诉自己的痛苦感受，也许"说出你的痛苦"这一行为本身，就可以缓解她们的痛苦；而压力上瘾的男性则羞于谈论这个问题，他们把不能承受工作的压力视为一种竞争的失败，或男子汉的耻辱。

收入来源的单一性也许是白领陷入"压力上瘾"的首要原因。调查显示，白领们的所有收入中"只有区区8%用于享受生活"，这一数据也说明了白领"嫁给"工作的事实和程度。另外，大部分白领对自己的竞争力缺乏自信（故而没有安全感）。由于高薪和就业竞争激烈，白领普遍有"回报公司"的想法，并担心失去工作，从而陷入压力上瘾的状态之中。

在"生活保障"调查项目下的"2021年度收支构成"的调查中，由工作带来的年度收入在受访者的年度总收入中平均占到97%的份额。通过在公司任职所获得的收入几乎就是都市白领的全部收入来源，所以他们是如此地珍视工作，以致压力上瘾。

而白领们的收入中用于储蓄的部分占到总支出的27%——这可以解释为白领们对未来收益缺乏稳定预期。用于奢侈品和美容保健、职场社交和职业技能学习的支出占到了总支出的33%，而这一部分的支出基本上可以看作是为了维护现有工作地位的成本或费用。用于家庭成员共同活动、文化娱乐和业余爱好、公益事业的支出这三项，可以看作是"享受生活"的开支，其总和在总支出中仅占有区区的8%！

只相当于维护工作所花费用的1/4，并且不到维持基本生活所付出资金的1/3！看到这样的支出结构，那些把自己"嫁给"工作的白领，会有些什么想法呢？他们会看到自己为了工作已经过于牺牲个人生活的事实真相吗？他们会看清自己究竟"在为谁辛苦为谁忙"吗？

压力上瘾导致的生活安排不合理的问题，在都市白领这一群体里已深刻地暴露出来。有接近一半的都市白领作息没有规律，有1/3的都市白领完全不注重饮食健康。

在"情感·家庭"的调查中发现，有近80%的白领对自己的家庭和感情生活感到遗憾。压力上瘾可能是引发这一问题的最重要原因。在接受调查的100位白领人士中，62%的被访者情感或家庭生活不太如意，其中包括那些无暇顾及婚恋问题而导致年龄偏大，但情感仍然没有归宿的被访者，分别有58%的男性被访者和66%的女性被访者属于这一群体；另外还有15%的被访者情感或家庭生活非常不和谐，并对配偶产生了厌弃、陌路的感觉。这部分被访者承认自己至少为此"幻想"和"期待"过婚外情的发生，他们甚至进一步承认：自己之所以尚未离婚，主要是由于长辈、孩子或其他的非夫妻感情的原因所导致的"婚姻惯性"——分别有16%的男性被访者和14%的女性被访者属于这一群体。令人羡慕的"白领群体",竟然在情感和家庭问题上背负了如此高比例的"不如意"!他们把太多的智慧和心血都注入了工作中,并在这一过程中完全"忘我",忘记了幸福生活的基本技巧。

在"人际交往"的调查中发现:有60%的都市白领对自己的人际关系建设评价不高。而这是由于把感情过多地投入到工作中、过少地投入在友谊的建设上而引起的。其中46%的被访者人际关系比较一般,14%的被访者人际关系比较糟糕。最使这部分受访者苦恼的,不是缺少朋友,而是缺少"真情互动"的朋友,他们的朋友圈子几乎都是出于"个人前途"等功利目的而精心设计的结果,他们和自己的"朋友"一样,都属于"见利忘义"之辈,功利的价值一旦不存在,他们和"朋友"的交往也就会自然中断,正如树倒猢狲散一般自然。但渴望友情是人的天性,渴望而又缺乏,并且自己也没有胆量和能力去付出和赢得真正的友情,这就是他们痛苦的原因。

超过1/3的都市白领自认休闲生活质量很差,而休闲生活的质量直接关系到生活情趣的多寡。有超过一半的都市白领从来不进行体育锻炼,这将导致他们的身体健康被过早地透支。

白领们给人的外在印象通常是：高职高薪，对未来充满信心和积极的期待。然而在本次针对白领们的"未来规划"调查中，我们再次发现了白领们的内心真相和他人判断之间的巨大落差。我们不得不再次感叹于白领们表面的光鲜和内在的盲目。一个对未来感到盲目的人是不可能获得长久快乐和踏实幸福的，这是人所共知的道理。

在100位接受调查的都市白领中，38%的被访者对未来有一定的规划，但该规划非常有可能会更改；12%的被访者的未来规划中不确定因素很多，因他们远没有把未来想清楚；7%的被访者对未来完全看不清，生活得茫然若失、毫无头绪。

另外，笔者在对调查对象的随机访谈中发现，在认为自己工作疲劳过度的被访者中，超过50%的人认为自己所面临的问题并不是工作压力大，而是没有对工作压力进行很好的管理。心理学家的研究表明，这种认识极易造成心理衰弱、免疫力下降、对工作不满意、情绪悲观，以致缺勤率上升，工作效率降低。

无论是国外还是国内，压力上瘾问题如今都已成为心理学家和健康专家的研究热点，其所产生的对个人、公司、社会的负面影响引起了社会各界有识之士的日益关注。

五、适度的压力可以激励人

工作中的压力被认为是当今社会最主要的压迫来源之一。对于上班族而言，身处竞争激烈的现代社会，担心失业、缺少归属感、与亲友疏于联系、对工作前景表示忧虑以及自尊心经常受挫等，是产生压力的几个主要因素。

身在职场当中的许多员工几乎都有过工作压力太大、身体和心理难以承受等怨言。诚然，随着科学技术的高速更新换代、市场竞争的日益激烈，现代人的压力确实越来越大。面对这些压力，人们究竟该如何应对呢？有关专家研究发现，在压力和灾难面前，心理不健康者往往会采取一些不恰当的应对措施或者消极的自我防御机制，如否认、退行、回避、压抑、反向、抵消、攻击、自责，或者用烟酒来减轻压力等，结果是适得其反。

而心理健康者会主动采取一些积极的或至少是无害的应对措施，如宣泄、转移注意力、改变目标、升华、放松、幽默、行动等方法。

那么，人们究竟应该采取哪种态度或方式来应对压力呢？或者说以什么样的态度或方式对待压力才能使自己不被压力所困扰呢？一家知名企业的高级顾问认为，适度的压力并无大碍，反而有积极作用。常言道"化压力为动力"，适度的压力能使人处于应激状态，神经兴奋；能让个人认识得到改善自我的机会，以更加努力的姿态、更高的热情完成工作，如此便有助于业绩改善。而消极地逃避或攻击等方式却对压力的缓解和问题的解决毫无用处，而且在压力面前越消极，压力就会对你越残酷。这正如大文豪高尔基所说："当工作是一种乐趣时，生活就是一种快乐；当工作是一种义务时，生活就变成了苦役。"

许多专家认为，在一个可以控制的环境中，人会感觉到较小的压力，而在一个难以控制、存在诸多不确定性的环境中，人会明显地感到压力增加。职业人会在不同的年龄阶段、不同的职位、不同的企业环境中面临不同的工作挑战，同时也就面临着不同的压力威胁，每到这种时候我们都需要认真地对待，有效地控制新的局面。

我们首先要学会拥抱压力，对可能发生的压力有心理准备，不要总强调工作压力如何不合理，自己如何不喜欢。减压首先要真实地面对内心世界，需要了解自己担心失去什么，是工作、职位、领导的重视、发展机会、家人的信任，还是其他方面的稳定感？预测失去它们对自己的影响，是暂时的还是长期的,是全面的还是局部的,是可以承受的还是无法承受的……总之,如果想要缓解压力、摆脱压力的束缚,就必须首先准备好迎接不可避免的压力,同时还要弄清楚压力产生的根本原因。

当我们对压力有了足够的心理准备并确定了压力产生的真正来源之后,就要想办法将其转化为动力,所有的消极思想和逃避心理在此时都应该全部抛弃。由于在分析压力产生的根本原因时,我们已经知道自己是因为想得到更多的酬金、更高的地位、更多的信任、更高的期望、更渊博的知识、更丰富的经验、更卓越的能力、更融洽的人际关系等,才背负那些压力的,所以我们更应该知道,没有这些压力我们就永远无法满足自己的这些需求(既包括物质方面的又包括精神方面的)。认清这些之后,我们就会发现,只有背负着这些压力一步步地向着目标迈进,我们才能获得最终的成功。而实际上,这种向着目标迈进的过程就是把压力转化为动力的过程。

当然了,对于员工所服务的企业而言,当员工为企业承载着更多压力的时候,企业也应该想办法为员工创造更有利的工作环境来缓解压力,改善压力的应对方式,以此来带领员工一起有效地应对压力,把压力转化为动力,在充满竞争的市场经济环境下，使员工及整个企业保持最佳状态，带着饱满的精力去迎接工作的挑战。其实，许多具有先进管理方式的企业早已经采取了种种方式来帮助员工缓解压力，把压力转化成动力了。松下电器公司就是其中的典型。

松下电器（中国）有限公司人力资源部部长认为保持一定程度的工作压力是必要的。他推崇职工必须有压力，但是并不反对缓解职工的压力。其具体做法为：

变换工作岗位，根据具体情况为员工分配力所能及的任务；

肯定职工工作中的业绩，使其建立信心，变压力为动力；

开展多种形式的职工集体活动，建立紧张工作和轻松活动相结合的氛围，使职工既有紧张感又有轻松感。

总之，压力是不可避免的，要想在职场中实现更大的自我价值，我们就不能消极地逃避压力。而且，压力并非不可战胜，相反，压力还可以转化成动力，在这种动力的推动下，人们往往能够实现更大的发展。

六、选择适合自己的职业

其实,只有选择最适合自己的职业,才能够发挥自己的潜能,不仅在事业上容易取得成功,身心也容易得到满足。

"我不知道自己适合做什么工作,只知道自己希望从事这份工作,因为这家公司的条件好,有发展前途。"一位就职于某大型跨国公司的白领如是说。

诸如此类者不乏其人。很多人在求职时只是考虑到薪酬、待遇、社会地位等外在的因素,却没有认真地考虑自己是否真正地喜欢这份工作,这份工作是否真的适合自己。倘若歪打正着,固然值得庆幸,但一旦出现性格与职业不相匹配的情况,就会带来许多不便。

其实,只有选择最适合自己的职业,才能够发挥自己的潜能,不仅在事业上容易取得成功,身心也容易得到满足。职业心理学家霍兰德根据一个人的性格特点与职业特征之间的匹配程度,把人们分为6种基本类型。这6种类型具体如下。

1.现实型

有较强的运动、机械操作的能力,喜欢机械、工具、植物或动物，偏好户外活动。

适合从事的职业：工程师、建筑师、园艺工作者等。

2.传统型

喜欢从事资料整理工作，有写作或数理分析的能力，能够听从指示，完成琐碎的工作。

适合从事的职业：文秘、会计、政府公务员、军队士官等。

3.领导型

喜欢与人群互动，自信，有说服力，有领导能力，追求政治和经济上的成就。

适合从事的职业：商人、管理者、领导、政治家等。

4.研究型

喜欢观察、学习，通过研究与分析来了解和解决问题。

适合从事的职业：研究人员、医生、律师等。

5.艺术型

有艺术、直觉、创造的能力，喜欢运用想象力和创造力，喜欢在自由的环境中工作等。

适合从事的职业：艺术家、画家、记者、自由职业者等。

6.社会型

擅长和人相处，喜欢教导、帮助、启发或训练别人。

适合从事的职业：咨询人员、教师、节目主持人等。

对比一下，看看你属于哪一种类型。

不能够指望一个冲动莽撞的人去从事会计工作，也不能够指望一个内向腼腆的人去从事销售工作。缺乏冷静思考地盲目择业，常常导致个人兴趣不适合这个职位，无法发挥出自己真正的能力。不少人在工作了多年之后，才发现自己选择错了，事业的发展走了弯路，而时间已经浪费了许多。所以，在选择职业之前，一定要慎重地反复权衡，了解自己的兴趣、特长与能力，然后再进行职业发展的规划，切莫到选择错了的时候再徒劳地悲叹。

有的人为了金钱而工作，有的人为了地位而工作，有的人为了家庭而工作，有的人为了兴趣而工作……比照下面的几种类型，看看你在为什么而工作。

（1）追求物质报酬：喜欢追求财富与享受高品质生活。

（2）追求权力：喜欢通过控制别人来发挥自己的影响力。

（3）追寻意义：常陷于沉思，思考工作意义及自身存在的价值。

（4）追求专与精：希望在特定领域能有高人一等的成就。

（5）追求人际亲和：在工作中寻求与人建立良好的人际关系，希望通过与别人的交流获得情感上的满足。

（6）追求创意与独特性：思维反应敏捷，喜欢展现个人独特多变的想法，总有新奇的点子。

（7）追求自主性与独立性：不喜欢别人的干涉，喜欢自己独立做出重大决定。

（8）追求安全与稳定：不喜欢变化太多，希望自己的将来是可预测的，是稳定而又可控的。

（9）追求荣誉感：希望获得别人的羡慕，期盼被他人认可与钦佩。

只有当从事的职业能够满足自己的需要时，才能够发挥出自己最大的潜力，进而能够在工作中追求快乐。

第四章
身处困惑，别把压力带回家

生活中，烦恼和压力是不可避免的。被领导责骂、受到同事排挤、客户流失、业绩指标达不到等，都是导致压力的因素。但是，当我们忙碌一天回到家，能否把烦恼和压力挂在门外呢？很多人习惯于一回到家便把工作中的不满、愤懑、烦躁等情绪发泄在家人身上，这无形之中伤害了家人，使家庭关系变得紧张。

解压——破解情绪困局

一、别把压力带回家

对于职场人士而言,家是你最后的、最巩固的大后方。亲人,特别是有血缘关系的亲人,能给你提供全方位的、无条件的支持。

根据那些感到压力巨大的职场人士所述,他们的压力之所以那么大以及难以消解,就是因为家庭支持系统亮红灯,家庭成员间的心理疏导没有了。

那些常常要出差的人,工作之余没有家人的陪伴,就会感到孤单寂寞。这种情形下即使压力得到正常渠道的排解,也极容易导致婚外恋等情感出轨的事情发生。此外,一些员工为了完成工作量,每天要工作很长时间,工作强度也很大,为了放松自己,下班后会到酒吧喝酒而不是回家,或者即使回家也不和家人说话;还有些单身员工因此难以找到伴侣。专家认为,家庭是给人提供精神支持的场所。但目前国人的家庭系统正处在应激状态,仅10年间离婚率已增高1倍。如果找不出缓解这一问题的方法,处在社会文化碰撞中的我们就会失去家庭支持这一强大的心理源泉。

比如《常回家看看》这首歌,在"春晚"之后,迅速红遍大江南北。客观地说，不是这歌本身有多好听，而是它拨动了亿万人的心弦。子女常回家看看，慰藉了老人，也在一个最温馨的地带释放了自身的苦恼与压力。它的作用、它的功效，让高明的心理咨询师也难以望其项背。

所以，我们要巩固好自己的家。无论是在工作上如何，事业上如何，我们总还有一片宁静而安详的绿洲——家。

那么，如何巩固好自己的家呢？

其一，不把压力带回家。

下班的那一刻，就把工作上的问题，特别是令人烦恼的问题统统忘记。

有人会说，忘记了难道就不存在了吗？你这是鸵鸟政策，自欺欺人。我们得反问：记住了那些问题与烦恼，就能解决它们吗？如果能，倒也罢了，我们就去想它们去。如果不能呢？想它们只是自寻烦恼。想一想吧，倘若一个人无时无刻不在烦恼之中，对自身不利暂且不说，对工作、对问题解决有好处吗？

其二，不把不良情绪带回家。

一位白领在公司被老板狠狠地训了一顿，更可气的是，老板的训斥根本就没有道理，因为他连基本情况都没有搞清楚。但是，他是老板，这位白领也不敢与他据理力争，于是窝了一肚子火。

回到家中,老婆已准备好饭菜,正兴致勃勃地等老公和儿子回来享用,谁知老公到家后阴沉着脸,对饭菜横加指责。老婆心里很不高兴,但也没敢说什么。

儿子回来了。刚进门他妈就把他一顿责怪。衣服脏了!成绩如何?等等。

儿子感到自己今天根本没做错什么,老妈怎么对他这样,心里也很不舒服。恰好猫从他身边走过,上去就是一脚。

猫无端受到攻击,赶紧飞奔,一头撞在男主人身上,狠狠地咬了一口。

心理学中把这一现象称为"迁怒"。这就是把不良情绪带回家的恶果。

其三,珍惜和睦的家庭氛围。

家和万事兴。这是条亘古不变的真理。只有保证后方稳定才能在追求事业时没有后顾之忧。对家庭要珍惜,小心翼翼地呵护。

其四,适度的物质要求。

这是一个物欲横流的年代。我们不能说它全错。事实上,它在鼓励人们奋进,推动着社会的进步、生产力的发展。

但我们对物质的要求，心中要有个度。当你有台10万元的车时，会想，要有台20万元的车该多好！可是，当你有了20万元的车时，没准又想30万元、50万元、100万元、几百万元的车了。永远没个满足，永远没个尽头。

所以，不要有不符合实际情况的物质诉求，否则家庭会成为另外一个压力源，同样带来精神上的超负荷。

其五，处理好家庭与事业的关系。

家庭与事业绝非水火不相容、冰炭不同器。更进一步说，如果一个人全然不顾家，我们很难相信他对公司会有多大的忠诚度、对事业会有多大的忠诚度。我们说，如果一个人连自己的家都不爱，他会去爱自己的企业、爱自己的事业吗？

家庭与事业不是对立的两端，客观上，它们存在着兼容性。因为爱家庭，所以要好好干事业；因为事业成功，所以家庭格外幸福。

二、家是抵抗压力的港湾

说到"家",你脑海里是一幅怎样的画面?暖暖的、柔和的灯光,一桌冒着热气的饭菜,父母、孩子脸上幸福的笑容……上班族在外打拼再苦再累,只要回到家里,就会得到放松和慰藉;事业上遇到打击和挫折,一想到家里的亲人,心中就多了一份积极向上的力量。

对于大多数人来说,家是永远的港湾。每年春运时节,挤在火车硬座车厢或行李架下的外出务工人员,一句"你回家吧"的询问就能愉快地攀谈起来,聊家乡的老父母、一年没见的孩子,甚至家里那只忠诚的大黄狗。

为省下路费,在摩托车上插着"回家"的旗帜,迎风冒雪,千里迢迢,即使冻得脸都僵了,仍然一路欢歌笑语。

常年奔忙于世界各地,吃遍了山珍海味,一个人的时候,却总是怀念妈妈做的蛋炒饭。

在公司应对无理取闹的客户、脾气暴躁的领导,像个陀螺一样转了一天,回到家躺在沙发上,才感到自己真实的存在。

不管我们长到多大,身处何方,"家"永远都是心底最深的眷恋，那些只有在家中才能体会到的幸福感，是无法复制和替代的。而且，家是事业的支柱。

创业青年吴浩开了一个影楼，但是这一年生意惨淡，有时候一个月开不了一单。每当他压力太大、想要放弃的时候，看到影楼中妻子和女儿的宣传照，他都告诉自己不能轻易放弃，还有爱的人要照顾。于是，压力也就成了他甜蜜的负担了。

对于我们来说，在身处困境、倍感压力、想要放弃的时候，家人的支持与鼓励就是无形的动力。它会让人笑对压力，勇敢向前。

在现代生活中，压力成了一种常态。压力对于家人，尤其是伴侣关系的影响远比我们想象的要严重，如果不及时处理，就会影响到整个家庭的幸福。

以伴侣为例。每天生活在一起的两个人可能会因为琐碎的生活而忽略了对彼此的关心，久而久之便会忽视了压力的存在，所以，多一些关心，多留意对方是否出现了脾气暴躁、孤僻、喜怒无常、不安、焦虑等情绪变化。

如果感觉到伴侣正在被压力困扰，我们应该以一种温和、关爱的方式询问伴侣发生了什么事儿，遇到了什么烦恼。主动询问可以让伴侣感受到温暖，也更容易让对方倾诉出心中的压力，缓解压力的同时还能多一个人出出主意，有利于早日解决问题。

为对方创建一个"减压行动表"，比如两人一起散一次步、看一场电影，或者做一桌好菜等。两人一起活动不仅能缓解压力、舒缓心情，还能增加彼此之间的感情。

除此之外，还要及时给予伴侣支持和鼓励，这有助于对方重塑自我形象，减轻工作带来的压力。

幸福的家庭生活，和伴侣、孩子之间保持亲密无间的关系，是我们抵抗压力的法宝。那么如何营造一个幸福的家庭呢？

第一点，保持一颗童心。只有童心不泯，青春才可常驻。生活中要向小孩子学习，多保留一点天真、单纯、好奇心，我们会发现生活中充满了美好的小事，自己纠缠于各种压力之中是多么浪费时间和生命。

第二点，时刻来点小浪漫。很多人都认为浪漫是年轻人的事儿，老夫老妻之间就不需要了。这种观念是大错特错的，要常留一些浪漫情怀，和伴侣晚饭后一起散个步，周末去看场电影，下班路上带束花回家等，这些浪漫的小事对维持和谐亲密的夫妻关系非常重要。

第三点，沟通。夫妻之间吵架、猜忌、不信任，很多时候都是缺乏沟通的后果。两个人可以坐下来,将心底的想法坦诚地与对方沟通,能省去很多误会与麻烦。

第四点,换位思考。由于男女思维模式的差异,对待同一件事情往往会产生不同的看法。遇到问题,尝试着换位思考,多站在对方的角度看问题,很多事情自然就能理解,无须争论了。

三、回家不想工作上的事情

一个工人受雇去给农场主修补房子。但这个工人运气不好。在路上，他新换的车胎被扎破了，耽误了一个小时。到农场又发现涂料都洒了。收工后，农场主开车送他回家。

到了家门口，工人邀请雇主进去坐坐。在门口，这位满脸怨气的工人并没有马上进去。只见他闭目养神了一会儿，然后伸出双手，抚摸门旁的一棵小树。等门打开，工人一下子好像换了个面孔，笑逐颜开，和两个孩子紧紧拥抱，再给迎上来的妻子一个深情的吻。在家里，工人喜气洋洋地招待了雇主。

雇主离开时，按捺不住好奇心，问工人："刚才你在门口做的动作，有什么用意吗？"工人笑着回答："有。这是我的'烦恼树'。我在外头工作，总有不顺心的事情。可是烦恼不能带进门，里面有我的妻子、孩子。我就把烦恼暂时挂在树上，明天出门时再拿走。奇怪的是，第二天我出来时，'烦恼'大半都已经不见了。"

这个故事中的工人是我们学习的榜样。生活中，烦恼和压力是不可避免的。被领导责骂、受到同事排挤、客户流失、业绩指标达不到等，都是导致压力的因素。但是，当我们忙碌一天回到家，能否像故事中的工人一样把烦恼和压力挂在门外呢？

一般来说，烦恼时不应责备自己或他人。责备自己或他人会让心态停留在对麻烦事的纠缠上，与其如此，不如抬起眼睛向前看，想想下一步怎么办。

要积极看事情。与其抱怨刚出门就下雨，不如感叹"今天空气多清新、多湿润"。要把每次倒霉都当成锻炼自己的机会。

要保证充足的睡眠。烦了就关灯睡一觉。研究表明，充足而有规律的睡眠可以在一定程度上改善情绪。

要保持微笑。美国克拉克大学一项实验证明，对于同一件事情，经常微笑的人会看到它有趣的一面，经常紧皱眉头的人则会看到它让人烦恼的一面。

要尽量远离加班。压力大和身心疲惫是让情绪变差的常见危险因素。要想心情轻松愉快，重要的一点就是尽量不要加班，也不要去做超出能力范围的工作。

可以找个乐观的朋友。有研究显示，与快乐的朋友在一起会使自己也变得快乐，与经常抱怨的朋友在一起，会使自己的心情也变得更差。

除此之外，还要戒烟、限酒等，通过各种努力，把烦恼关在门外，不让它们打扰自己。

生活中，"冷暴力"的现象随处可见。一大家子人一起吃饭，等待上菜的时候，每个人都在低头玩手机；带孩子出去玩耍，父母手机不离手，任由孩子一个人在旁边玩；陪父母吃饭，电话、微信不断，无心听老人说话……"冷暴力"造成了家人之间的疏远、冷漠。久而久之，来自家庭成员之间的压力也悄悄出现。

为此，在回家的路上，我们可以多想想快乐的事情，调节自己的心情。要不断地提醒自己，家里都是我们爱的人，我们的情绪会直接影响他们的心情。

要将工作和家庭生活分开。回到家就要将心思放在家人身上，不要再想工作上的事情。要以积极乐观的心态面对压力，让家人知道，虽然面对困境，但是我们有勇气和信心去克服压力、迎接挑战。

四、用心去维护亲情

有一种爱，迟了就无法再来；有一种情，走了就无法追溯。它就是亲情。从呱呱坠地到牙牙学语，从懵懂无知到知晓世事，从纯真稚子到成年离家，一路走来，我们始终离不开亲情的陪伴。亲情也许简单，但是没有杂质、距离、虚伪，是相同血脉间彼此默默关怀。无论你功成名就还是失败潦倒，亲情永远不会离你而去。

长久的亲情是相互的，不是单方面的付出，是需要每个人用心去维护的。要维护亲情，首先要重视亲情，多付出，多奉献。我们可以给亲人多一些关心，周末、节假日多回家看望他们，毕竟对于老人而言，最需要的不是子女功成名就，而是孩子们可以陪着他们晒太阳、吃饭、聊天。

其次要多一点耐心。微信上的一组视频曾引起很多人共鸣，视频记录了不同人接到父母或孩子电话时的状态，他们都有一个共同的特点：烦躁、没耐心。"我很忙，一会儿再说。""不是说了吗，一会儿就到！"……为什么我们对陌生人能够很和气，却总是对至亲至爱的人失去耐心？对你的不耐烦，亲人根本不会生气。因为在他们心中，你开不开心才是他们最在意的。所以，对待亲人请多一点耐心吧。

最后，要保证心平气和，不要斤斤计较。亲人之间，朝夕相处，难免也会有摩擦，出现一些矛盾。不要将亲人无心的小过错不断放大，而要多一些包容，多一些谅解。遇到问题，心平气和地坐下来商量解决，切忌因为冲动做出失去理智的事，伤害亲情。

想要通过亲情舒缓压力，就要遵循亲人之间沟通的三大法则。

法则一：言行一致。与亲人相处不用再戴着假面具，用我们最真实的一面对待最亲的人。压力下，我们可以在家人面前表现我们的焦躁不安、失望低落。只有表现出来才能减少心理负重，才能让家人的安慰成为缓解我们压力的良药。

法则二：实事求是。告诉家人我们的真实情况、工作状态、未来规划，包括我们内心的压力源等，让家人了解我们的真实状态，不要让他们总是在猜测中为我们担心。

法则三：学会倾听。也许忙碌的工作让我们越来越忽视与家人之间的沟通，让我们没有时间耐心地听家人的唠叨、抱怨。久而久之，家人之间感情会变淡，隔阂会变深，最终会出现来自家庭的压力。

通过以上三个法则，我们可以找到好的亲情。所谓好的亲情，是相互的，而不是单方面地给予和付出。我们要悉心维护珍贵的亲情，不要有意或无意地伤害家人。

五、抽出时间多陪陪老人和孩子

俗话说："一寸光阴一寸金，寸金难买寸光阴。"宇宙中有很多物质和能量都可以相互转变轮回，唯有时间如白驹过隙，如石中之火，如梦中之身，一旦逝去了就再也回不来了。现代人因为忙于工作，常常忙着追名逐利而忽略了珍贵的事物。总想着等有时间再去陪伴身边的人，做想做的事。然而，美好的时光是短暂的，是不会为任何人而停留的。

光阴流转，一直不停歇地朝前走着。对于孩子，我们总是说："等我升职了，就不再天天加班，就可以每天准时回家陪你了。""考职称要出去培训，等你下一个生日再陪你过吧。""要筹划新的项目，不能去参加你的汇报表演了。""等公司步入正轨，我保证带你去迪士尼乐园玩。"……我们说了太多这样的话，孩子也听了太多这样的保证，可是等我们真的在职场上有所作为，想要兑现承诺的时候，忽然发现孩子已经在不知不觉中长大了。他已经不需要我们抱，不需要我们哄，甚至不需要我们陪伴了，那些孩子需要我们的成长时刻都已经悄无声息地溜走了。

在一档综艺节目中一炮而红的加拿大爸爸夏克立在一次采访中说道:"每一年我都会陪女儿一起过暑假,很多人嘲笑我放弃那么好的出名机会太傻了,但是我女儿的成长只有一次,我错过了就永远无法弥补了。"工作固然重要,但是陪伴孩子成长更重要。所以,如果你有孩子,放下过重的名利心,抽出时间,陪着孩子一起享受那些转瞬即逝的美好时光吧。

网上一直流传着一道"亲情计算题":假设你和父母分隔两地,每年你能回去几次,一次几天?除掉应酬、朋友聚会、睡觉,你有多少时间真正和父母在一起?这辈子你到底还能陪伴父母多久?

有的人计算下来,发现自己能陪父母的时间甚至只有短短的十几天,这简直就是无法想象的事情。这道有点残忍的计算题可以让我们警醒,孝心不等人,工作永远都忙不完。对于年迈的父母而言,你功成名就真的没有那么重要,能高高兴兴、健健康康,一起度过愉快的一天对他们来说就是最大的幸福。

当然,适度追求名利是积极进取的表现,社会需要人们不断进步,创造价值。但是能够在追逐名利之余,多抽出点时间享受脉脉温情,不是更好?

要知道,15岁时得到了5岁那年喜爱的洋娃娃,30岁时有钱买到了20岁时喜欢的那件衣服,40岁获得了30岁时向往的公司高层的位置，60岁重遇初恋的人。可这，又有什么意义呢？很多年后找回了失去的东西，但这些东西的价值早已经被时光带走了。因此，不要让韶光被辜负，把自己搞得心力交瘁，这样即使得到了名利，也会为逝去的时光悔恨叹惋。

诸葛亮写给儿子诸葛瞻的《诫子书》中，有这样一句名言："非淡泊无以明志，非宁静无以致远。"认为一个人须恬淡寡欲方可有明确的志向，须寂寞清静才能达到深远的境界。对于压力而言，同样如此，只有内心淡泊，压力才能被降到最低，有点"无欲则刚"的意思。

人生在世并不是非要当王侯将相不可，能用自己喜欢的方式过自己的一生就是成功。压力之下要学会适当放下自己的欲望，不要活在别人的眼光里。生活是你自己的，不要为他人所累。这是"无为"的大智慧。

人心只有这么大，人的精力也是有限的，不可能什么都涉及，什么都得到，所以，不要把心装得太满，知足者常乐。这是知足的最佳诠释。

快节奏的生活状态下，只有不忘初心，本着无为、无争、不贪、知足的原则，适当地停下匆忙的脚步，挑一个午后去看一本书，或者和孩子进行一场游戏，才会让压力在你的世界中谢幕，同时得到意想不到的收获。

六、用心去维系友情

俗话说:"在家靠父母,出门靠朋友。"在我们成长的道路上,总会有朋友的身影。朋友与我们一起笑,一起哭,分享成功的喜悦,分担失败的痛苦。

友情如花朵一般,需要定期给予养分,得不到充足的养分,便会自然而然地枯萎。所以,友情需要我们用心维系。

平时无论多忙,朋友之间也要保持联系。早上起床看到朋友发的朋友圈,会心一笑点个赞;工作疲劳了,和朋友聊些八卦,放松一下心情;下班回家,在路上和朋友煲个"电话粥",没有什么要紧事儿,只是随便聊聊工作,扯扯生活。朋友就是这样用普通的方式融入我们的生活,却在我们最疲惫的时候给予温暖。所以,和朋友保持联系,一起分享彼此生命中的喜悦与感动吧!

接受朋友的不完美,宽以待人。如果发现朋友身上有一些你不喜欢的习惯,不要苛求朋友改变。每个人都有自己的生活态度、生活方式,世界观、人生观、价值观各有差异。不要拿自己的标准去衡量他人。

尊重朋友的隐私,切忌干涉对方的私生活。每个人都是独立的个体，有自主选择生活的权利。不要要求朋友事事向你"汇报"，似乎有些事不告诉你就是不够朋友。对于朋友的私事，不要过于干涉，他想让你知道的时候自然会向你倾诉。要给彼此独立、自由的私人空间。

发生矛盾，冷静解决。有人际交往的地方自然就会有矛盾、冲突。朋友之间意见不合闹矛盾也是常有的事儿，朋友之间的矛盾要理性解决，不能让小矛盾膨胀成大问题，但也不能放任不管，出现彼此不理睬的冷战状态。遇到问题，就事论事，冷静地说出彼此内心的想法，避免误会。

真朋友在精不在多。也许你会羡慕别人通信录中成百上千个联系人，也许你会羡慕有些人到哪都是成群结队。每个人都想拥有很多真心朋友，但是我们的精力是有限的，时间也是有限的，我们的心也只有那么大，所以，我们需要留下一些位置给真正的朋友。

"真正的朋友，在你获得成功的时候，为你高兴，而不捧场；在你遇到不幸或悲伤的时候，会给你及时的支持和鼓励；在你有缺点可能犯错误的时候，会给你正确的批评和帮助。"高尔基的这句话简明深刻地道出了何为真朋友。

真正交心的朋友，会主动向你走来，不用刻意挽留，也不会离开。与其把你的心分割成细小的碎片分给许多人，还不如对少数几个真心的朋友付出真心。

朋友能帮助你减轻压力。很多工作上的压力,你也许不方便向同事坦露,而且为了不让家人担忧,所以你对家人也闭口不提。这时候,朋友便是你倾诉的最佳对象。你可以放心地将事情的来龙去脉告诉朋友,他会耐心地倾听,然后站在局外人的立场给你适当的建议。

除了向朋友倾诉之外,找朋友陪你进行适当的压力发泄也是很好的选择,如一起去运动、购物、唱歌等。通过健康有益的集体活动来释放心理压力,达到缓解身心疲劳的目的。

最后要懂得运用距离效应。距离效应是指由于时间的阻隔,彼此间有了距离;一旦把距离缩短,重新相聚,双方的感情就会得到最充分的宣泄。

在这里,距离成了情感的添加剂。可见,有时距离的存在也能给人以美的享受。因此,应当培养自己拉开一定距离看他人的习惯,同时,也不要时时刻刻把自己的透明度设置为百分之百。内心没有隐秘足显自己的坦荡,但因此失去了应有的人际距离,无形中为以后的人际矛盾种下祸根,从而导致人际关系方面的压力,这其实是不明智的做法。

第五章
把控情绪，在压力深处微笑

人的一生，不可能总是一帆风顺、事事如意。面对压力，你是选择做一个内心强大的"超人"，宠辱不惊、豁达自在，还是要一颗一碰就碎的"玻璃心"，整日愁眉苦脸、郁郁寡欢？如何选择，要看你的心态。一个心理成熟的人并不是没有消极情绪的人，而是善于调节和控制自己情绪的人。

一、善于调节和控制自己的情绪

每个人的心中都有一个叫作"情绪"的小人,有时候他如"谦谦君子"般彬彬有礼,有时候却能让我们抓狂跳脚。都说弱者任情绪支配行为,强者让行为控制情绪。一个心理成熟的人并不是没有消极情绪的人,而是善于调节和控制自己的情绪的人。

接到大单后的老板日夜加班,稍有不满就对员工发脾气;凑指标、拼业绩的公司职员,因为同事一句无心的话就心生怒气、火冒三丈;面临就业压力的应届毕业生,一个面试就会让他紧张焦躁……生活中无数的例子都表明:压力状态下的人更容易被消极情绪影响。而且坏情绪还会导致肾上腺素上升,反过来增加压力感,让自己陷入恶性循环。因此,我们要做的就是了解情绪,控制情绪,愿所有的压力都被辜负。

鲁迅先生在《记念刘和珍君》当中曾经说过:"不在沉默中爆发,就在沉默中灭亡。"在无形中向我们展示了情绪的两种类型——慢性坏情绪和急性坏情绪。

所谓"慢性坏情绪",是低落、悲观的,没有爆发出来，而是深深地埋在心底，并且持续了很长一段时间的坏情绪。所谓"急性坏情绪"，是指被意料之外的突发事件激发，没有藏着掖着，直接通过语言或者行为爆发出来的坏情绪。

用心写了六个月的小说被出版社退稿了；在公司提的新方案被领导否决了；相处四年的男朋友提出分手了；住了两年的出租房要被房东收回了……最近28岁的女孩陈璐觉得整个人生都灰暗了，近一个月来她一直处于浑浑噩噩、悲观低落的情绪中无法自拔。

例子中的女孩由于工作、感情、生活等方面的不顺利，心里积累了多重压力无法排遣，并且压力源在短期内得不到解决，因而产生的坏情绪便是典型的"慢性坏情绪"。

"慢性坏情绪"无明显的外在特性，因此常常被很多人忽视。但一个人若是长期被慢性坏情绪所笼罩，那么它对人身体和心理无形之中造成的伤害将是十分严重的。其中，最典型的就是患上抑郁症。

如何克服"慢性坏情绪"呢？首先，需要及时发现自己已经被坏情绪困扰，并告诉自己要立即改变现状。其次，需要减轻心理负重。从坏情绪的源头着手，坦然接受既定的事实，将心中的消极情绪适当发泄出去，如找人倾诉、吃顿好的等。最后，给自己一些正能量。可以观看励志电影、听昂扬向上的歌曲、和乐观积极的朋友聚会等。当心中的正能量多于负能量的时候，"慢性坏情绪"自然会烟消云散。

"我不干了！勤勤恳恳工作了八年好不容易升了主管，为公司做了多少贡献，现在因为一个小差错就要被降职，太不讲情面了，老子不干了！"刚和上司大吵一架的主管小谢怒气冲冲地拍着桌子，用高八度的声音嘶吼着。然后他"腾"的一下站起来，将笔记本电脑狠狠地摔在地上，夺门而去。

例子中的小谢由于受到降职的外界刺激一时没能控制住自己的情绪，做出种种不理智的行为，就是"急性坏情绪"的爆发。

相比"慢性坏情绪"，"急性坏情绪"更容易对自己身边的人或事造成影响。情绪激动时与他人争吵，甚至大打出手，无疑会对他人和自己造成伤害。被坏情绪冲昏头脑说出一些过激的话，会将事情变得更糟糕，令自己陷于更艰难的处境。但是，"急性坏情绪"并非一无是处，将内心的不满直接发泄出来，在一定程度上有利于自身缓解压力，避免抑郁成疾。

面对"急性坏情绪"，我们需要做的就是学会冷静。在感觉自己要发怒之前，闭嘴三分钟，让一时的冲动情绪缓一缓。另外，"急性坏情绪"有利有弊，掌握尺度很重要。要做到"不伤害他人，不将事情推向糟糕的境地"，需要根据具体情况将坏情绪控制在合理的范围内。

生活就像一个五味瓶，有开心、快乐和甜蜜的好情绪，自然也有悲伤、难过和苦涩的坏情绪。好情绪我们自然欢迎，坏情绪我们也无法逃避，因此，如何打个翻身仗，成为情绪的主人就变得非常重要了。

首先，要暂时离开让你生气的环境。和别人因为小事争得面红耳赤，当你觉得呼吸急促、心跳加快、内心有一团怒火随时要喷涌而出时，为了避免因冲动而做出不理智的事情，你需要深呼吸，暂时离开争吵的环境，到室外走一走，让自己冷静下来。

其次，要让自己冷静下来，问问自己：为什么要生气？这件事情值得生气吗？生气会有什么后果？除了生气还有其他更好的解决方法吗？这时候你会发现生气不仅不能解决问题，反而会让情绪变得更糟。

再次，不要让别人的态度影响你。别人做错事或说话态度差，或许是他的习惯，又或许是他现在心情不好，但是我们没有必要让别人的态度、行为影响到自己的情绪。

记住，别人的态度与你无关，用心做好自己该做的，真诚待人就够了。别人的意见只是参考，有时候只需随便听一听，最终还是要自己做决定。别人的不良行为，也无须太过干涉，毕竟每个人生活观念、世界观都不同，不能要求他人尽善尽美。在因他人而生气之前，问问自己这个人、这件事是否重要到影响自己的情绪，是否重要到要为之生气。

最后，做一个心胸宽广的人。一个人的心胸决定了他的视野，决定了他待人处世的态度。心胸宽广的人能调节和控制自己的情绪，很多事情都不放在心上，心情自然不会被干扰。

压力与情绪之间是相互影响的，压力带来坏情绪，反之，坏情绪也会导致心理压力增加。所以，想要减轻压力，需要控制自己的情绪；想要不被压力压垮，首先不能被坏情绪牵着鼻子走。因此，我们要时刻关心自己的情绪波动、精神状态、心理反应，就像每天穿衣服前要注意正反面一样。照料自己的情绪、认清并接受不良情绪的发生，正面去看待情绪本身，保持良好的心情，通过科学方式调整坏情绪，如此进行心理疏导，压力自然没有机会找上门来。

二、敢于承担失败的后果

生活中我们会遇到各种各样的选择，小到今晚吃什么、明天穿什么，大到工作、学习、婚姻。不同的选择带来不同的境遇，也会导致不同的压力。很多人因为不知道如何选择或者害怕选择错误而宁愿不做决定，认为"不做决定是避免压力和错误的一种方式"。通常这类人都有完美主义倾向，希望做事尽善尽美，特别畏惧犯错，每到决定时便优柔寡断，认为做决定是"生死攸关"的事情。

但是我们的生活本来就是一连串的选择、行动、犯错与矫正的过程。面对问题，站着不动就无法找到对的出路，不做事就不能继续前进。所以，面对选择必须果断做出决定，并且勇于承担后果，在选择中摸爬滚打，不断成长。

主见，是一种在认识自己的基础上，相信自己的能力和自己的选择的自信心理。有主见的人面对事情，会根据自己的思考去判断。一个没有主见，总是怀疑自己的人，很容易被别人的一句话打倒。很多人害怕做出错误的判断和决定，所以宁愿把决定权交给别人。

但是，看到别人一步步走向成功，你是否发现其实事情并没有你想象的那么艰难。有时候你之所以质疑自己的能力,是因为你太相信别人表现出来的能力,而看轻了自己。其实,只要你按自己的想法去做,不一定会比别人差。

遇到不会写的论文怎么办?百度一下,随即出现成百上千篇可供参考;学校选修课怎么选,问同学你选哪个我也选哪个;公司开会领导问"对下季度计划大家有什么好的建议?"大家都低下了头,瞬间鸦雀无声……

现在的很多人一遇到问题就上网搜索,或者盲目听从身边人的意见,经常直接跳过自己思考这一步。久而久之,就形成了依赖思想,对事物的判断力、思考力也逐渐下降。但是,生活是自己的,该由自己做决定,所以,我们要养成遇到问题自己思考的习惯,不要总被别人左右,他人的意见仅供参考。

小杨是一家金融理财机构的销售员,最近凭着初生牛犊不怕虎的冲劲主动策划了公司本月的客户活动:为潜在客户举办"红酒与养生品鉴会"。小杨热情满满,但是,来参加当天活动的多是年轻朋友,他们对于红酒、养生的话题并不十分感兴趣,现场气氛尴尬,不少客户中途匆匆离场。

对于这次失败的策划活动,小杨在事后勇于承担责任,他主动分析了活动的不足,一个个探访当天来的客户,并对这次活动做了深刻的经验总结,他说:"感谢这次不成功的活动,让我学到了原本要花几个月才能学到的东西。"

很多人没有主见,并不是因为能力不够,而是害怕承担失败的后果。他们往往抱有这样的心理:与其没做好遭人指责,还不如开始就不做。但是,不做决定,你永远只能是一个站在原地的跟随者,能力、眼界得不到提升,无法获得成就感。

失败的另一面便是成功。失败中总结的教训,会比一件成功的事情更有益处。一位智者说过:"一个一次就成功的人并不值得称道,一个经历多次失败后获得巨大成功的人才更有价值。"失败不可怕,可怕的是面对失败无动于衷,不去总结提高,这样的人只会再一次跌倒。另一种人总是逃避失败,不敢失败,这类人也只会离成功越来越远。

记得曾经有一幅画在网络上引起了人们广泛的关注,画面上是繁华的街道,车水马龙,面带倦色的行人低着头赶路,行色匆匆。在繁忙的街景中,一个人弯着腰,逆着人群,失魂落魄。这个孤独的行人下面有一行醒目的字——"寻找昨天"。

生活中,很多人就像画中弯腰的人一样,耗费了很多精力去悔恨犯过的错误,惋惜错过的机会又或者沉迷于空想的未来。这种心态是极其浪费时间的，哈马尔德说过："不要回想，也不要做未来的梦。逝去的不会回来，白日梦也无法实现。你的责任、你的奖赏、你的命运是此时此地。"

处于压力下，要懂得舍弃平添焦躁的事物、想法。把每一天安排好，每时每刻都集中精力做必要的事情。让错过的随风逝去，把握当下有意义的事，面对选择切忌犹豫不决、徘徊不定。

面对压力，一个决绝果断的人倾向于从正面解决问题，不会让自己徘徊于压力源之外的无效事件中，而一个犹豫不决的人则会成为压力的产物，如被悲观情绪、焦躁心情、消极态度所影响。做一个果断的人能将压力对自己产生的消极影响降到最小，无论是工作还是生活都会变得更加轻松自如。

三、自卑会让压力感倍增

"我没有别人长得好看""我家境贫寒""我能力不行""我太矮了""别人都比我优秀"……我们、他们,抑或身边的陌生人都多多少少有过这样的情绪——自卑,这是一种消极的自我评价和自我意识。

一个自卑的人往往过低评价自己的形象、能力和品质,总认为自己"相貌不如别人""能力不如别人""哪儿都比别人差",经常拿自己的弱点和别人的强项比,常常自惭形秽,从而丧失自信,悲观失望,不思进取。

开会前,丽萨需要完成一份详尽的计划书,要求全面分析市场行情、总结市场低迷的内在因素并且提出自己独特的见解。但是丽萨既没有丰富的阅历,也不懂如何去表达。离会议时间越来越近,丽萨的心理压力不断增加,瞬间觉得自己学识浅、能力差、办事效率低,甚至开始怀疑自己是否适合这个行业、能否胜任这个职位。

上述情景中,丽萨因为自己能力不足,任务要求超出自己的能力范畴,因而产生压力。压力下的丽萨被消极情绪所控制,将目光都集中在自身能力不足上面,因此产生自卑感。从医学上看,自卑是一种危害身心健康的心理。自卑情绪会让压力感倍增。日常生活中,我们也同丽萨一样,会因不同的事情困扰而出现自卑。

因为自卑,我们失去一些难得的机会;因为自卑,我们不敢大胆地表现自己。于是,我们得不到自己想要的东西,自身能力得不到施展。长此以往,我们的潜意识被自己压抑着,自身价值难以完全实现,于是,无形之中增加了心理压力。

压力与自卑是一对相互影响的"兄弟",要想减轻压力就要消除自卑感;要想不被自卑困住就要释放过重的心理压力。减轻负重,才能抵抗压力,在关键时刻表现出众。

张爱玲曾经说过:"遇见你我变得很低很低,一直低到尘埃里去,但我的心是欢喜的,并且在那里开出一朵花来。"这是一个女人对爱情的妥协,即使低到尘埃也依然欢喜。可是自卑不是如此,它不美好,没有憧憬,因此要弄清楚原因,与它彻底告别。

很多人都习惯以他人为镜来认识自己,通过别人对自己的评价来审视自己。如果他人对自己做了较低的评价,特别是比较有权威的人做出的评价,就会严重影响人们对自我的认识,从而低估自己。

不同的人在经历失败后，会产生不同的反应。有些人越战越勇，决不放弃；有些人懊悔不已，备受打击；更有甚者从此一蹶不振，变得消极悲观。研究发现，一般性格内向的人，由于神经敏感性高而耐受性低，稍微受挫就会导致严重的心理伤害，从而变得自卑。

1832年，林肯失业，他下定决心去竞选州议员。糟糕的是，竞选失败了。接着，他创办企业，一年不到，企业又倒闭了。在以后的17年间，他不得不为偿还债务到处奔波，历经磨难。直到再一次参加竞选州议员，他终于成功了。

如果是你遇到这一连串失败的打击，你会不会放弃？会不会从此变得自卑？但是林肯没有，一次次的打击，让他变得更强。

也许我们穷尽一生也不会有林肯那么大的成就，但是我们可以向他学习，给自己加油，丢弃消极的自我形容，如"我能力就这样""我不会""我不行""我没希望""我会失败"等消极的词语，多给自己一些积极的心理暗示，如"我可以""我能行""我可以试试""这次会成功的"等。

有了积极心态，下一步就是用行动证明自己的能力与价值。看一个人有没有价值，根本不需要进行深奥的思考，也用不着询问别人。有人需要你，你就有价值；你能做事，你就有价值；你的存在对一些人和事产生影响，你就有价值。因此，你可以先选择一件自己最有把握的事情去做，做成之后，再去寻找下一个目标。这样，每一次成功都将强化你的自信心，弱化你的自卑感，一连串的成功会使你变得更加自信。

有一位哲学家曾经说过："人生来就是自卑的。"但是自卑有两个不同的发展方向，一个是被自卑压垮，另一个是化自卑为动力。这两个不同的发展方向会产生两个完全不同的结果。自卑得不到及时的心理调节，就会让人陷入阴暗的生活；自卑转化为动力就能让人走出阴暗，重新找回一个全新的自我。

四、逆境时给自己一个微笑

五月天在《倔强》里唱道:"逆风的方向,更适合飞翔,我不怕千万人阻挡,只怕自己投降。"就是这句歌词,彰显着强者的内涵。你知道什么是真正的强者吗?

曾经有一个叫程浩的人在网络上红极一时。他出生于1993年,因不能确诊的病因没能下地走过路,医生曾断言他活不过5岁,但他还是坚持到2013年,终因长期卧床,多个器官衰竭,于2013年8月去世。

程浩因在知乎上针对"你觉得自己强在哪儿?为什么会这样觉得?"问题的发言,被网友点了三万多个赞,并被网友作为正能量的模范广泛传播。程浩最著名的一句话是:"真正的强大,不是那些可以随口拿来夸耀的事迹,而是那些在困境中依然保持微笑的凡人。"

在困境中依然保持微笑的凡人,现在的你是这样吗?你又想变成什么样?

假设今年的你三十而立,工作了几年事业依旧没有起色,拿着微薄的工资,做着超负荷的工作,还常被老板训斥,被同事排挤。你是会抱怨工作,抱怨生活,在公司和同事冷眼相对,消极对待老板,还是会给自己多一些鼓励,更加努力工作,找到自身不足,每天热情对待同事,与老板加强沟通呢?

如果你是一个孩子的妈妈,不仅婆媳关系不和睦让你头疼,孩子的班主任三天两头打电话说孩子又闯祸了,而且丈夫越来越忙,夫妻关系越来越不和谐。你是会与婆婆继续冷战,大声斥责孩子,将各种坏情绪都撒在老公身上,还是会对婆婆处处关心体贴,站在孩子的角度看问题,多点耐心去沟通交流,对老公更加体谅包容呢?

如果你是一个自主创业者,走到了瓶颈期,客户一个个流失,职员纷纷辞职,公司发展远远偏离轨道,入不敷出。你是会就此心灰意冷,关闭公司,宣告破产,还是会静下心来,给自己一个微笑,告诉自己"山重水复疑无路,柳暗花明又一村",积极寻求解决之道呢?

如果你有一个相恋几年的恋人,从校园走到社会,到了谈婚论嫁的时候却遭到父母反对。你们由于地域、环境、经济等各种因素最终无力挽回而放弃了彼此。你是会怨恨父母的不理解,怨恨伴侣的不坚定,还是会让逝去的随风逝去,满怀祝福,愿彼此安好,依然抱着积极向上的心继续自己的生活呢?

如果你正饱受疾病困扰，每天和药丸相伴，走遍了各大医院，咨询了各路名医，依旧没有起色，心力交瘁。你是会失去斗志，消极悲观，甚至尝试放弃生命，还是会笑着面对已知的、未知的，好的、坏的各种情况呢？

每一种假设的前者，都是消极地对待，后者都是积极地面对，这是生活中变量与常量的对决。在生活中，一帆风顺的情况是人生的变量，逆境才是生活的常量。面对生活中的各种逆境，不同的态度、不同的决定会导致不一样的结果。

面对逆境，给自己一个微笑，给自己一些鼓励，以坦荡的胸怀面对一切压力，修炼一颗强大的内心，才能真正成为情绪的主人，轻松扫除压力的困扰。

一如《孟子》中所说的一样："天将降大任于是人也，必先苦其心志，劳其筋骨，饿其体肤，空乏其身，行拂乱其所为，所以动心忍性，曾益其所不能。"每一个有理想、有抱负的人，都要经受逆境的考验，逆境如一块试金石，人们只有敢于面对它、挑战它、克服它，才有成功的机会。

五、恐惧是心底的"纸老虎"

步入人生新阶段，接受一项新任务，面临前所未有的挑战，面对不确定的未来，面对比自己强大的对手……我们心中会生出一丝恐惧。这是一种正常的心理反应，是人类对已知或潜在危险以及未知事物的一种本能的保护性反应。

从心理学的角度来讲，恐惧是一种个体企图摆脱、逃避某种情景而又无能为力的情绪体验。

公司新来了一个执行主管，对下属非常严格，只要对下属有一丝不满就会当众指责批评。主管给员工小罗安排了一个外出调查的任务，让他在大街上随机采访100名陌生人，并与之互动，从而拿到有利于公司调查研究的数据资料。听到这个任务小罗一下子害怕起来，感觉到前所未有的压力。

案例中的小罗，一方面对严厉的新主管产生了敬畏之心，另一方面对将要进行采访的100个陌生人感到害怕，因此，心理压力增加。

总体而言，自身能力不足和任务的艰巨性是形成心理压力的两个方面。就像案例中的小罗一样被艰巨的任务吓到，或是对未知的事情感到恐惧，从而加剧心理应激反应，导致心情紧张，压力随之增加。

当我们的身体或者心理受到惊吓时，肾上腺素会迅速分泌，保护我们脱离危险。之所以感到恐惧，是因为它想保护我们，让我们免受伤害。因此，我们不能逃避，要正视恐惧的存在，并对它的保护说声"谢谢"。

静下心，深呼吸，仔细看清楚，恐惧并没有那么可怕，它只是我们潜意识里认为自己无法面对、做不到而产生的一种逃避。当我们试着改变思维，把"我应该"改成"我愿意""我要"，把"这是个问题"改成"这是个机会"，把"我希望"改成"我能够"，把"早知道"改成"下次"，把"我受不了了"改成"我可以面对"，把"我没有办法"改成"我可以处理"时，再面对恐惧，我们已经拥有了一双隐形的翅膀，可以飞离、打散心底的那只名为恐惧的"纸老虎"，保护我们不再被它侵扰。

六、嫉妒会让你中毒

智者说:"嫉妒是骨中的朽烂。"嫉妒总是与不满、怨恨、烦恼、恐惧等消极情绪联系在一起。不同的嫉妒心有不同的嫉妒内容。人生道路上,名誉、地位、钱财、情爱这四大关卡,不知道制造了多少嫉妒,绊倒了多少人。

从前有一对老夫妇,有一天他们家里来了一位天使。天使对他们说:"由于你们的纯真善良,上帝决定满足你们的三个愿望,但是有一个条件:不论你们许下什么愿望,你们的邻居会同时得到双倍的赐福。"

老夫妇听了很高兴,说:"请上帝赐给我们一座小山似的稻谷,这样今年我们就不用耕种了!"第二天,门前果然堆了一座小山似的稻谷,老夫妇高兴极了。老先生刚出门就碰到他的邻居,邻居手舞足蹈地说:"哇!今天我家门前突然多了两座小山似的稻谷,我今年、明年都不用耕种了!"顿时,老先生一阵妒意涌上心头,巴不得抢走邻居的稻谷。

三天后,天使又来了。老妇人许愿说:"希望上帝能赐给我们一个可爱的宝宝。"十个月后,他们果然生下了一个宝宝,正准备告诉亲朋好友这个好消息,不料,门还没踏出,就看到他们的邻居带着红鸡蛋走了进来,兴奋地说:"我太太生了!真没想到我们还会有孩子,而且还是一对双胞胎呢!"老夫妇听了心中很不是滋味。

第二天晚上,天使再度到访,要他们说出第三个愿望。老先生愤怒地说:"我要求上帝砍掉我的一条手臂!"天使吓了一跳!老先生接着狠狠地说:"我要让隔壁那个志得意满的家伙双手尽失,一辈子不能做事,哈哈。"天使听完泪流满面地说:"你这个要求上帝是不会答应的,因为他爱世上的每一个人。愚蠢的人啊!你为了伤害别人而不惜伤害自己,你的内心已经被嫉妒腐蚀了。"

嫉妒是我们情绪里最刻薄的部分。心眼有多小,所能产生的嫉妒心理就有多强。毒舌的后面,往往掩藏了一颗饱受挫败和失落的心。

嫉妒是帖"毒药",总是让人不知不觉就中了毒,拿别人的优点来折磨自己。嫉妒别人年轻;嫉妒别人漂亮;嫉妒别人富有;嫉妒别人工作好……正如德国的谚语所说的一样:"好嫉妒的人会因为邻居的身体发福而越发憔悴。"对于这种不健康的心理,如果不及时了解它到底"毒"在哪里,从而铲除它,会让自己陷入扭曲、压力的怪圈,一发不可收拾。

小诗和小云是同一所学校同一个专业的应届毕业生，两人同时应聘进入一家金融机构。她们一起培训，一起上下班，一起吃饭，关系特别好。三个月后，由于小云性格外向活泼，为人热情，敢于尝试，业绩远远超过了小诗。每每看到小云又签了新单，客户一个接一个，小诗心里总感到一阵淡淡的酸楚。

几个月后，小云被晋升为销售顾问，受到领导赏识，同事都围着她转，而小诗还在原来的岗位，业绩平平，与同事的人际关系也越发紧张。看着小云每天都精神百倍、志得意满的样子，小诗心里产生了一股莫名的怨恨。开会的时候，小诗对小云提议的方案各种挑刺，向同事讲起小云在大学时光不太美好的往事，甚至开始造谣、诋毁小云。

领导安排小诗做小云的助理，这下小诗彻底恼怒了。她偷偷撕掉小云的文件，暗地里破坏小云的私人物品，甚至想着伤害小云的身体。

透过案例可以看出，小诗的嫉妒心经历了三个阶段：第一个阶段，嫉妒心深藏在她不易觉察的潜意识中，只是自己心里有点酸楚；第二个阶段，小诗业绩平平，心理压力增加，嫉妒心也不再被压抑，自觉或不自觉地显露出来，对小云进行间接或直接的挑剔、造谣、诬陷等；到了第三阶段，小诗已经开始失去理智，甚至有了伤人的想法。

由此可见，嫉妒心不仅会对正常的工作、生活造成影响，而且严重影响人的心理健康，导致人心理失衡，如不及时遏制、适当发泄，会造成一个人心理扭曲。

嫉妒心背后的深层原因，除了自身能力低、心胸狭隘等之外，自身承受的心理压力也是嫉妒心的导火索。超负荷的心理压力若得不到发泄就会产生严重的心理问题，如嫉妒心理。因此，减轻压力与消除嫉妒心是同一事件的不同侧面，需要同时进行，只有这样才能拥有健康的、积极向上的内心世界。

人与人之间的嫉妒也许是天生的，但是要克服嫉妒，并没有想象中那么困难。

内心狭隘、鼠目寸光的人才会对别人的能力、成功、长处产生嫉妒。因此，要不断拓宽自己的视野，让自己成为一个心胸开阔的人。

当嫉妒萌芽时，我们不妨告诉自己，这是一种消极的、有害的心理状态，它不仅会伤害自己，还会造成一定的人际关系危机。所以一定要发现自己的强项，做一个扬长避短的聪明人，在自己有优势的领域寻求发展，在一定程度上弥补自己的不足，缩小与嫉妒对象的差距，从而达到减弱乃至消除嫉妒心理的目的。

七、不完美才是最真实的完美

汶川地震时，上海也有震感。高层办公楼的员工在感到轻微摇晃后，纷纷下楼避难。但是，有一位男职员，在感到震感时，吓得六神无主，情急之下从楼上跳了下去，当场身亡。

听到这个消息，人们不禁深感惋惜。原本没有危险的事情，这个人却因自己的冲动而丧了命。面对突发事件，若不能冷静面对，采取科学合理的应对措施，被一时的情绪控制，就只会让事情变得更加糟糕。

人生是一场不能重来的现场直播，不完美正是它最真实的表现，因此在这不完美里，其实处处都透着真实的完美。

小宋参加驾考科目二的考试，在考场内完成"S"弯、坡道起步、侧方位停车等多项任务后，一路心惊胆战，终于安全开回了起点。但是，考场内信号干扰到车内仪器，因此所有成绩都没有显示。考场工作人员解释道："现场信号出错，这批考生需要再考一遍"。小宋一下子慌了神，刚起步就熄火，吓出一身汗，几项任务还没完成就已经错误百出，无奈未通过，只能下次再考了。

案例中，小宋的心态直接关乎他的行动。镇定自若还是心慌急躁，坦然待之还是抱怨发怒，不同的心态与情绪直接造成不同的后果。只有内心冷静才能头脑清晰、行动利落，让事情朝着期望的方向发展。

在新锐设计发布会现场，一名模特不慎摔倒。不过她神情镇定，爬起来后继续走秀，好像什么事情都没发生过，最终用完美的表现完成了她的演出。

这个案例中的突发事件已经对当事人造成一定程度的影响，镇定自若的心态虽然不能让时间倒回，但是可以及时遏止错误，将负面影响降到最低。

从小到大我们都受到这样的教育："要努力对待每一件事，想做就做，不要让人生留下遗憾。"但是，先不论人生是否可以面面俱到，想做就做，并且还能获得成功，即使我们完美地完成了所有的事，回望人生，总会还有一些自认为的遗憾与不满足。

生活中让你印象深刻的往往是那个错过的恋人、那次没有成功的面试、那些失之交臂的机会……人生中最刻骨铭心的便是那些"遗憾"，一个没有遗憾的人生才是最遗憾的。因为有成功的喜悦、失去的叹惋，才有一颗五彩斑斓的心。

压力之下我们好像更难控制自己的情绪，更容易冲动急躁。这是因为压力导致神经系统对外界的刺激变得更加敏感了。在压力下保持冷静其实并不难。有一些小方法，看似简单，却有非常显著的效果。

比如，我们可以找个清净的地方，独自散会儿步，这能够帮助我们快速清除负能量，让我们从急躁、愤怒的情绪中抽离出来；可以浇浇花、做做园艺，在大自然中慢慢平复自己的心绪；可以将心中的不满、愤怒等消极情绪写下来，直面最真实的自己，写完后你会发现自己也冷静了不少。

人生是一场壮丽的直播，当下的风景永远都是最好的。减轻压力，镇定自若，坦然面对人生的酸甜苦辣，才能活得有滋有味。

八、学会控制自己的愤怒

愤怒是怎么产生的呢？首先，我们可以结合自身回顾一下，每天面对的人，无论是父母、伴侣、孩子，还是朋友、同事，在和他们的相处中，在某些特定场合下，我们的愤怒到底是从哪儿来的。

达尔文很早就提出，愤怒往往来自人们遭遇的挫折。比如，当孩子哭闹的时候，家长感到遭受了挫折，火冒三丈，此时家长很可能会产生一种攻击性倾向，"真想揍他一顿"；当司机在道路上驾驶时，遭遇他人强行并线，会因为生气而引发愤怒情绪，从而表现出"一定要给他点儿颜色看看"的情绪，从而做出诸如强行超车等的行为。

有学者就通过实证研究揭示了驾驶员在驾驶时由于路况情境而产生愤怒情绪的普遍性。

人表达愤怒的方式是有差异的，有时用语言表达，有时通过攻击行为来表达。语言表达可能是这样的，比如你生气的时候，会很冲动地跟另一半说"我们分手吧，你不配和我在一起"，或者恶语中伤对方，"你就是个人渣""世界上的男人都死光了我也不会嫁给你"。这些语言会引发另一半的对抗和攻击。在行为层面，表达愤怒既可能以破坏财物、伤害肢体等主动、直接的方式，也可能以拒绝配合、不予理睬等被动的方式。在很多情况下，后者对关系的破坏性更隐蔽、更严重。

愤怒的原因还可能是控制感的丧失，这也是一种受挫。比如有这样一项实证研究，探究了受挫对愤怒情绪产生的影响。研究者设置在线约会的场景，设定实验条件，控制被试者每一次约会的结果，使得被试者无论怎样投入，把自己打扮得多么潇洒、多么有魅力，表现得有多好，最终都会遭到对方的拒绝，即每次都会让被试者遭受挫折，使约会失败。实验结果显示，这种状态会引发被试者的一系列挫折感，尤其对男性来讲，这种感受更强烈，会让被试者产生极端愤怒的情绪以及攻击性行为。原因是男性认为女性在浪漫关系中的拒绝是对其内在男性身份和社会权力的严重威胁。因此，当一个人感到对人际关系的控制受到威胁时，愤怒的情绪会被激发。

我们处在愤怒情绪中时，可以通过以下策略来管理自己的愤怒情绪。首先是学会正念减压，试着接纳和体验自己所有的感觉，学会有建设性地表达。心理学有关研究表明，最容易患上与压力相关疾病的，往往是那些不能直接表达愤怒的人。换句话说，不要忽视、回避和压抑自己的感受，尤其是愤怒的情绪，它需要被中和，并用创造性的表达来抵消，比如可以用美食犒劳自己，或者通过合适的运动进行宣泄。

其次是给自己设置情绪冷静期，逐步降低愤怒值。想要表达愤怒时，不要立即做出反应，可以试着数10个数、站起来活动一下，或者喝一杯水、深呼吸，使用描绘心理意象等方法，使自己放松和平静下来。当你愤怒地大喊大叫时，不可能进行理性的思考和对话，此时可能需要"暂停"一下，让自己从当时的情境中跳出来，恢复冷静。"暂停"非常有助于确认你的感受，同时还能让你对环境有全面的审视。

此外，你还应该学会思考自己的愤怒，试着变抱怨为诉求。比如当你对同事或家人感到失望时，你可以把指责转化为你的期待和需求，在这个过程中去寻找解决问题的机会，而不是抓住问题不放。愤怒可能会带来很多能量，可以思考一下，怎样才能更好地利用这种能量。

最后，很重要的一点是，学会更加现实地对自己和他人予以期待。许多愤怒之所以产生，是因为我们对自己和他人的期待过高。当我们对他人期待过高，而他人不能达到要求时，我们就会觉得受挫、被激怒。此时，要学会重新评估自己的期待，在你将指责别人的话说出口之前，先确认自己的感受，学会通过调整自己的感知来评估客观情况，这对于消除愤怒情绪很重要。

第六章

端正心态，用压力煲一碗"鸡汤"

大作家雨果有句名言："思想可以使天堂变成地狱，也可以使地狱变成天堂。"这句话的意思是，同样的事件，不同的思想会有不同的看法，从而导致不同的结果。因此，当我们面临压力的时候，正确地认识它、正确地看待它，是有效地超越它的必要前提。在这样的心态下，人们自然会用压力煲一碗久违了的"鸡汤"，去滋润干渴的心灵。

一、与无形的压力作战

对压力的感受是一种情绪反应。人们产生怎样的情绪反应取决于个体对压力的认知与评估。

因此,当我们面临压力的时候,正确地认识它、正确地看待它,是正确地对待它、有效地超越它的必要前提。

每个人都以为自己的认识是正确的,甚至认为是唯一的。其实,对于同样的问题,人们的看法差异可大了。

有这么一个小故事很值得玩味。

两个花匠去卖花,途中翻了车,花盆大半被打碎。一个花匠说:"完了,坏了这么多花盆,真倒霉。"

另一个花匠却说:"真幸运,还有这么多花盆没有被打碎。"

与之有异曲同工之妙的是另外一个实例。

一家企业中有三个高层管理人员同时被解雇了。

A的反应是:难道这是真的吗?我实在连活下去的勇气都没有了。

B的反应是:太好了!过去始终下不了决心自己去创业,现在可是机会来了。

C的反应是：这确实不是我所期望发生的事情，可我得面对现实，我得分析自己，在自己身上找找原因，让这事不再发生。

俄国著名作家契诃夫曾经说过："要是火柴在你口袋里燃烧起来了，那你应该高兴，而且感谢上苍，多亏你的口袋不是火药库。要是你的手指扎了一根刺，你也应该高兴，挺好，多亏这根刺不是扎在眼睛里。依此类推……照我的劝告去做吧，你的生活就会欢乐无穷。"

人们总以为自己是理性的，总以为自己的看法是正确的，总以为自己对现实的认识是清醒的，其实不然。我们的认知常因各种各样的主、客观原因而出错，最严重时，可能会陷于一种醒觉睡眠状态。

美国心理学家布恩在其所著《心理学原理和运用》一书中指出：一般人总是把自己和他所遭遇的事件，包括他自己的情感视为一体，结果成了这些事件的奴隶。他存在于一种醒觉睡眠之中，在这种状态中，他自己的需要和欲望严重地歪曲了他的知觉，他仅有的一点自由就是还能指挥他注意的一小部分。应当说，处于这种状态中的人是可悲的，然而，他们对自己的可悲之处却全无察觉。怎样才能避免进入醒觉睡眠状态呢？布恩提出下述建议，应努力把自己与自己所遇事件分离开来，亦即跳出那个圈子。具体操作方法是，把自己的注意力分成两部分，当一部分注意力正在观察所遇到的事件或思想时，另一部分注意力就在觉察自己正在觉察的事件。这就好像一个人把自己分成演员和旁观者，演员在投入地演出，旁观者则以冷静的目光审视演员，看他的一举一动是否合理，是否正确。

1.弄清最主要的压力源

压力的表现形态可能大同小异，但每个人的最主要的压力源却有所不同。要减压，就要找到自己最主要的压力源。

（1）来自个人原因的压力。

身体状况欠佳；

性格过于内向；

完美情结；

偏执；

虚荣；

焦虑；

抑郁；

情绪化；

自恋或自虐；

能力与工作不匹配；

兴趣与工作不相容；

缺乏人际交往技术；

期望值过高。

（2）来自工作的压力。

工作时间太长；

工作量太大；

工作呆板；

工作技能不具备或有缺陷；

工作权限界定不明；

工作环境恶劣；

交通时间过长；

上司蛮横；

同事竞争过于激烈；

客户难以相处；

投入与报偿不匹配。

（3）来自家庭的压力。

经济拮据；

家人中有严重疾病或残疾；

夫妻关系不正常；

子女上学、就业等出现问题；

家庭人际关系（如婆媳关系）紧张。

我们的主要压力源到底是上述哪一种？还是几者兼而有之？如果是兼而有之，各自的权重又是如何？

总之，首先要找出自己累在哪里，找到形成压力的最主要、最关键的因素，进而解决它，过重的压力才有可能缓解。如果没有抓住主要矛盾，你的各种努力虽有成效但总是不能收到明显的效果。

找到主要的压力源以后，接下来要做的工作就是分析这些主要压力源形成的原因，以及解决的对策。

是客观原因还是主观原因？

是他人的原因还是自己的原因？

是坦然接受现实，还是试图改变现实？

是迎头而上解决这些问题，还是另辟蹊径，寻求其他出路？

只要这么做了，天底下就没有什么过不去的坎。

2. 对压力有个正确的态度

大作家雨果有句名言："思想可以使天堂变成地狱，也可以使地狱变成天堂。"

这句话的意思是，同样的事件，不同的思想会有不同的看法，从而导致不同的结果。

是的，同样的世界在不同的人眼里是不同的样子。工商界人士最怕听到的一个词，是"市场萧条"。可日本的经营之神松下幸之助却说："萧条是个机遇。"松下公司每次腾飞都是在市场萧条的时候。因为在这个时候，管理改革、产品更新、技术进步所面临的障碍最小。

生活中，尤其是工作中，没有压力是不可能的，没有压力也会使一切变得索然寡味。

如果让你每天做小学一年级的题目，你肯定会做，也肯定能做对，但你会有成就感吗？你会因没有压力而很开心吗？你会感到很无聊，有一种不知是被别人还是被自己愚弄的感觉。

面对压力要有足够的心理准备，要充分认识到现代社会的高效率必然带来高竞争性与高挑战性，对于由此产生的负面影响要有心理准备，免得临时惊慌失措。

同样一件事，以积极的心态和消极的心态去面对，结果会截然不同。心理学家说，在人类的天性中，原本有一种寻求发展和自我实现的需求。面对压力，如果你选择的态度是"我能行"，那你就会少一点失败，多一点成功。

罗曼·罗兰在其名著《约翰·克利斯朵夫》中激情澎湃地写道："人生是一场无尽无休，而且无情的战斗，凡是要做个能够称得上强者的人,都在时时刻刻与无形的压力作战,那些与生俱来的致命的恶习、欲望、暧昧的念头,使你堕落、使你自行毁灭的念头,都是这一类的顽敌。"

如此这般看待压力,压力感是否会轻一些?

二、幽默可以缓解压力

一位大学毕业生急于找工作,因经济不景气,到处人满为患,故而奔波未果,窘境中,他心生一计。

一天,他到一家报社去,对总编说:"你们需要一个好编辑吗"?

"不需要!"

"那么记者呢?"

"不需要!"

"那么排字工人呢?"

"不,我们现在什么空缺也没有了。"

"那么,你们一定需要这个东西。"这个大学生从公文包里拿出一块精致的牌子,上面写着:"额满,暂不雇用。"

总编看了看牌子,笑着说:"如果你愿意,请到我们广告部来工作。"

幽默,使他成功地把自己推销了出去。

有时,人们难免遇上一些令人难堪的窘境。面对这些窘境,用正儿八经的方式去解决每每不能如意,倒是一则精巧恰当的幽默反能轻松化解，正所谓四两拨千斤。

美国西雅图有一家美籍华人开的餐厅，为招揽顾客，每当客人餐后离座时，总要奉送一盒点心，内附精致的"口彩卡"一张，上面印着"吉祥如意""幸福快乐"等字样。有两名虔诚的基督教教徒是这个餐厅的老主顾。他俩结婚后的一天，满怀喜悦地来到这家餐厅，在他们期待良好祝愿的时候，打开点心盒，却意外地发现里面没有往常的"口彩卡"，顿感十分不吉利，心中非常不高兴，便向老板"兴师问罪"。不管老板怎样赔礼道歉，都无济于事。

老板的弟弟见状，微笑着走到这对顾客面前，用不熟练的英语说道："没有消息就是最好的消息。"一句话，说得新娘破涕为笑，新郎也转怒为喜，高兴地和他握手拥抱，连声称谢。一个难堪的僵局被一个小小的幽默轻松地化解了。

幽默的最经典的范例当数苏格拉底了。

苏格拉底的老婆是个悍妇，脾气很不好。有一次，苏格拉底正在给他的学生讲学，他老婆不知何故骂了起来。苏格拉底原以为骂几句就算了，也就没多搭理她。他老婆见状更是怒火中烧，提起一桶水来就向苏格拉底身上泼去。苏格拉底全身湿透，学生们更是瞠目结舌。谁知，苏格拉底来了一句："我知道打雷以后是要下雨的。"全场释然，一场尴尬被苏格拉底轻松化解。

这就是幽默的力量！这就是幽默的功效！难怪现在世界上有许多国家纷纷开发"笑产业"，有"笑公司、笑电台、笑比赛、笑医院、笑画馆、笑学校、笑俱乐部"等。

工作是严肃的，但严肃并不意味着刻板、死气沉沉。在工作中，有一些适当的、高品位的幽默可以化解冲突，可以活跃气氛，可以振奋精神，也可以缓解压力。并且，它是低成本，甚至是无成本的。我们没有任何理由排斥它。

苏联一位心理学家指出：会不会笑是衡量一个人能否适应周围环境的尺度。当你烦恼时，你可以想些有趣而引人发笑的事情，可以讲讲笑话，读读幽默的小说，看看连环漫画，这样可以帮助你排愁解压。

三、应对压力的方法

随着科学技术的发展和社会的进步,工作和生活节奏也逐渐加快,在人们选择机会的同时,自己也同时被选择。在竞争日趋激烈的情况下,不少人感到难以承受工作压力,并出现了明显的心理反应,如紧张、焦虑、烦躁不安、易发脾气、情绪低落、思维敏捷度和清晰度下降、记忆力下降、感到头脑里像一盆糨糊,有时还对工作产生了畏惧感。有的人甚至还出现了躯体化反应,如疲乏无力、头痛头晕、食欲不振、腹泻或便秘、血压上升等。

那么,如何驾驭工作压力这匹烈马,使它成为事业成功的动力,而不是成为您发挥自身能力的障碍呢?以下方法可供参考。

1.定一个切实可行的目标

要充分考虑到自身的特点,因为每个人都有稳步发展的长处和短处,在选择目标时要注意扬长避短,充分发挥稳步发展的长处。另外还要考虑到实际的客观条件是否具备,这就像盖房,光有设计蓝图还不行,还应该有砖、水泥、钢筋等建筑材料。如果建筑材料有限,去盖摩天大楼,就必然会

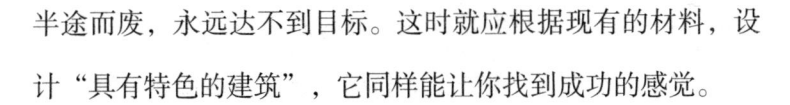

半途而废,永远达不到目标。这时就应根据现有的材料,设计"具有特色的建筑",它同样能让你找到成功的感觉。

2.制订实现目标的计划

要达到目标,就像上楼一样,不用梯子,从一楼到十楼是绝对蹦不上去的,相反蹦得越高就摔得越狠,必须是一步一个台阶地走上去。制订计划就像设计楼梯一样,将大目标分解为多个易于达到的小目标,那么您一步步实施计划时,每前进一步,达到一个小目标,都能使你体验"成功的感觉",而这种"感觉"将强化您的自信心,并将推动您发挥潜能去实现下一个目标。

3.生活规律

即有劳有逸,应该注意保证睡眠时间和饮食规律,在工作之余给自己留点时间,做些自己感兴趣的事情,如打球、钓鱼、书法、绘画、音乐、烹饪、郊游、睡懒觉等,使您紧张工作的大脑松弛下来。这能使您在下一个工作单元中保持较高的工作效率。长期、持续、紧张地加班工作,不但不能提高工作效率,还会影响您的身体健康。

4.适时地转移

如果条件不具备,通过多方面的努力仍不能达到目标,那么您应该分析一下,这个目标,对于您是否合适。如果不合适，再努力下去只能是失败。这时您可以说一句"我尽力了"，适时地退出，重新设立目标，就像俗话说的"别在一棵树上吊死"。

5.寻求心理医生的帮助

这就像手指被刀割破了，疼痛、流血，如果伤口小，自己就能止血，贴上创可贴，过几天自己就长好了，而伤口大，流血不止时，就应该看医生，让医生给您缝合止血包扎。在您心理调整不过来时，心理医生通过心理治疗及药物治疗，能帮助您减轻痛苦强度，缩短痛苦时间，修正心理上的偏差，发挥您的潜力，去重新寻求事业的成功。

四、灰色状态——亚健康

早衰综合征的主要敏感人群是中年职业人群，特别是知识分子和在企业里工作的职业经理。

灰色状态是健康与疾病之间的一种中间态。

灰色状态是一种现代病。

要提高你的生活质量就要改变你的灰色状态！

灰色状态是近来人们时常谈起的话题，那么到底什么是灰色状态？顾名思义，灰色状态就是介于疾病和健康之间的一种状态，说是有病又没病，说是没病却又不正常，用另一个人们现在时常用的同义词来表示，就是亚健康。过去人们对此不重视，医院也不给下结论，一般就是嘱咐别太累了，回去休息休息。可健康状况还是一直不好，各种不适症状总是存在，生活质量提不高，人活得不开心。随着现代都市化社会的快速发展，工作和生活压力的增大，处于灰色状态的人越来越多，医学对此已不再不予理睬，而是越来越重视了。

灰色状态是一个大的范畴，这里面有几种不同的亚健康表现。

1.慢性疲劳综合征

疲劳超过了半年也没有缓解，兼有躯体上的一些症状。

工作压力太大。

心理负担过重。

疲劳也可以传染，传染的就是疲劳综合征。

最典型的灰色状态就是慢性疲劳综合征。这往往是长期压力过大或压力应对不良的后果。有人讲，疲劳也可以传染。疲劳综合征正是一种在长期压力下的人群中流行的现代职业病。近期有一项调查发现，在外资企业工作的员工，77.3%的人每周工作时间超过40小时，19.6%的人每周工作时间超过48小时。问到对于工作的感受，86.6%的人觉得每天工作忙碌，有紧张感；下班后觉得疲惫不堪的达到71.2%。

我们来看一个典型病例。

李先生博士毕业后进入一家高新技术单位，从事研发工作，年薪26万元。他每天工作12小时，加班加点，两年后成为课题负责人，年薪39万元。虽然他的经济状况不错，但近一年来他的精神状态并不好，他总感到疲惫不堪，睡眠不好，早醒，自觉发热，咽喉痛，无力，记忆力差，有时还感到腹痛，对工作失去信心。去医院看病，各项常规临床检查结果正常，没有发现器质性病变。李先生最后被确诊为慢性疲劳综合征。

慢性疲劳综合征的表现可以分为心理的、生理的和行为的三个方面。心理方面的症状有焦虑、紧张、急躁、生气、憎恶、退缩、忧郁、厌烦、注意力分散、缺乏自主性和创造性以及自信心不足等。生理方面的症状有心率加快、血压增高、肠胃失调、身体疲劳、心脏功能障碍、出汗多、皮肤功能失调、头痛、肌肉紧张、睡眠不好等。行为方面的症状有拖延和逃避工作、效率降低、酗酒、去医院次数增加、逃避性生活、饮食过度、肥胖、食欲低下、冒险行为增加、侵犯他人、破坏财产、与家庭和朋友关系恶化、自杀或试图自杀等。

如何预防和治疗疲劳综合征？这需要一种对付压力的健康策略，包括以下几方面。

一是要调整自己对压力的认识，不要太紧张。

二是要学会自我放松的方法，平时多做做放松练习。

三是可以通过生物反馈的技术进行调节。生物反馈的设备在许多医院里都有，可以定期去医院做一做，其疗效已得到很多人的肯定。

四是可以通过饮食进行调节。针对维生素和微量元素的缺乏而进行的食物搭配方法是行之有效的治疗手段。

最后，也许从长远的角度看是效果最为持久的方面，就是通过进行躯体运动来缓解压力。

2.早衰综合征

年龄不到就出现了衰老的迹象，不仅身体机能而且精神都有了衰退的表现。如果你的夜生活太多，如果你负担太重，如果你过度劳累，那就要注意了。

春节快到了，小李接到中学同学聚会的邀请。一晃几年又过去了，是该聚到一起好好聊聊了，看看大家现在都在做什么。小李挺高兴，一大早，就赶到了聚会的地点。本来是件挺让人兴奋的事情，但小李回来后心情却很不愉快：怎么我变了这么多？！

这种情况可能并不少见，同是一个年龄，有的还是那么年轻，风韵依旧；有的却老态凸显，满脸皱纹了。就这几年怎么会有这么大的变化？

这就是早衰综合征。它指的是由于各种原因造成的中年人出现的不正常的衰老现象，表现为生理上和体质上的衰退和心理上的退行性变化，俗话讲就是未老先衰，与实际年龄不符合的过早的变化。目前对于这种病症的发病机理还没有完全搞清楚，但是有一点是可以确定的，它与人对压力的处理不当密切相关。

早衰综合征的主要敏感人群是中年职业人群，特别是知识分子和在企业里工作的职业经理。早衰综合征最容易光顾那些工作时间不规律、夜晚工作无度的人，特别是超过12点才睡觉的人。符合这些特点的人并不少，包括那些因工作需要陪客户娱乐的人、自由撰稿人、整日奔忙的销售人员、记者、野外工作者、办公室里的白领一族等，还有各种以夜生活为主的人群。

怎样对付早衰综合征？以预防为主，别让它侵犯到你。如果出现了就要及时进行矫治，下面几点供大家参考。

一是要定期检查包括身体方面的和心理方面的状况。二是要加强身体锻炼。锻炼身体对早衰有奇特的预防和矫治功效。三是注重心理调节。因为它在早衰的发病过程中占有相当重要的位置。四是要尽量减少夜生活。生活要尽可能地规律一些。五是要注意饮食，特别是晚上不宜多食。另外，维生素和微量元素的补充也是必不可少的。

五、如何克服消沉

消沉实际上是被挫折击倒，被压力打垮后的情绪反应。消沉是指一种以持续的心境低落为特征的情绪状态。

消沉的人不是抑郁的人。他们的情绪曾经高涨过，斗志曾经昂扬过，只是在遇到重大挫折，承受巨大压力之后才表现得消沉。消沉实际上是被挫折击倒，被压力打垮后的情绪反应。在这里，他们已经承认自己是失败者了，对于种种主观的与客观的压力情境，已表示无力抗争了。但他们自己嘴上说的是另外一套，诸如"达则兼济天下，穷则独善其身""归隐山林，乃高人所为；追名逐利，此小人之举""看破红尘，是精神的升华"……总之，用许多自我安慰的话，来自己骗自己。

万念俱灰、懊丧颓废、浑浑噩噩、萎靡不振是他们常见的表现。结果是，他们没有成为高人，却成了逐渐被社会淘汰的人。他们也并非不想东山再起，只是没有这种勇气，久而久之，也没了这种能力；他们在心底暗自羡慕着那些成功者，却又不敢也不好意思在嘴上说出来，真是痛苦得很！

那么，到底有没有克服消沉的有效方法？回答是肯定的。

其一，认识到这是一种无用也无益的情绪。它除了使你心理上备受煎熬和让你的境况越来越差之外，再也没有别的什么可能性了。唯一的选择是从这种状态中走出来，并且越早越好。再有一点要说的是，现代社会根本没有什么山林可供你归隐，你现在想弄个农村户口还真不容易。况且走到哪儿都有竞争。

其二，不要自己骗自己。骗别人还可以理解，到了骗自己的时候，尤其是长期骗自己，这人基本上就没救了。消沉无非是想逃，可你扪心自问，你逃得了吗？既然逃不了，不如去积极抗争。

其三，要有坚定的理想、信念与抱负。失去了这些，也就失去了生活的支柱与奋斗的动力。人一定要有所寄托，有寄托才有生活目标。有了生活目标就有了抗争的勇气。

其四，分析自己消沉的原因。消沉的原因无非是失败与压力。退一步说，我就承认这一次我输了，在压力面前我扛不过去了，但我又何必消沉？难道我次次会输吗？难道我次次在压力面前都扛不过去吗？不会的。只要我们努力，只要我们找对努力的方向，我们肯定有赢的那一天。而消沉了，倒是一切全完了。古人言："没有场外的举人。"意思是说，你都没有去考试，何来中举的可能性？

六、如何释放愤怒

遇事冷静是根本。遇到不遂意的事,尽量通过别的途径去解决,动怒不光于事无补,反而对己有害。

今天一大早你就在上班的路上出了车祸,刚买不久的新车被深深地划了一道伤痕;刚进公司才几个月,老板就把你叫到办公室提醒你这个月的销售业绩大滑坡;你去复印资料,没想到复印机上个星期就坏了,到现在还无人修理;同事见你哭丧着脸,似乎幸灾乐祸,你终于忍无可忍地冲他们大喊:"别惹我!"

生气发怒可使呼吸系统、循环系统、消化系统、内分泌系统和神经系统失调,并带来极大的损伤。生气还会引起面容憔悴、双目红肿、皱纹增多、月经不调,甚至影响生育。所以,为了自身健康,请你千万不要生气。实在愤愤难平时,去发泄一下。

李阳觉得自己每天都处于暴怒的边缘。只要在工作中出现一点点差错,哪怕只是员工偶尔迟到了几分钟,他都会立即火冒三丈,连续训斥迟到的人近几个钟头。所有员工都认为他火气太大,简直不可理喻。

第六章 端正心态，用压力煲一碗"鸡汤"

"他的弦绷得太紧了！"李阳的一位下属说，"他需要足够的休息。"李阳却认为不是他不想休息，而是工作实在很需要他。有时候李阳会发狂，那是连续熬夜工作、睡眠不足所致。这种情形发生时，李阳先是变得沉默、不爱理人。然后，扭曲的状态就出现了。他对人变得十分粗暴无礼。此时，李阳会痛恨自己的工作，厌恶所有与自己工作相关的人。当这种暴怒频繁出现时，他知道自己应该改改了。

容易动怒的人，光知道如何发泄怒气还不够，最主要的是要知道如何不发脾气、不轻易动怒。这就要有一颗包容的心，事事以宽容为怀，学会化解愤怒。

（1）捏、打、掐、拽、踢。找一种柔软的玩具或家里的沙发垫，你尽可以任意踢它、打它，使出浑身解数捏它、掐它。这样心中的怒气就会得到宣泄和释放，压力也会有所缓解。

（2）大喊大叫。在生气时，不妨大吼几声，你可能马上会感到心平气和、精神振奋、胃口大开、充满激情。这是因为吼叫吐出了胸中的秽气，吸入了大量的氧气，增加了肺活量，改善了呼吸功能，提高了机体的免疫功能。

（3）当哭则哭。在工作中应对同事、上司、客户时，常要表现得镇静而有主张，常要做到烦恼当前而方寸不乱。但是，长年累月的"努力矜持"则没有必要，因为它影响了情绪健康。所以，在生活中学会"当哭则哭"不失为一种良策。

第七章

体验乐趣，在压力下做弹簧

要特别记住，爱好只是一种乐趣而不是日常工作。爱好的事物都是喜欢的，只要喜欢就做，用不着担心是否可以完成。在过程中体验乐趣，这才是爱好的真正意义。做你喜欢的事，做你感兴趣的事，这是一个十分有效的减压手段，你的身心会在兴趣中得到充分的放松。

一、运动有助于减轻压力

运动可以增加身体的敏感度。运动可以进一步增进人在身体上的自信，减轻压力。

如果你成了工作的奴隶，成了一刻不停地运转的工作机器，到老的时候一定会想："天啊！我居然连邻居家的孩子都没抱过一次。我太忙了，可我到底都做了些什么呢？"

一位不知名的人这样写道："如果让我的生命从头再来一次，我将会放松，将变得更加灵活，要多去旅游，多去爬山、游泳，还要观看更多次日出和日落。"

事业固然重要，但工作总是难免单调和疲惫的。你是否觉得自己未老先衰，一副老气横秋的样子？那么来试试运动吧！

运动能够使人感觉变好，能适当减弱抑郁的感觉。

运动有助于找回自信。运动，可以让人发现自己的能力没有丧失，甚至发现自己其他的潜能，有助于恢复自信。

运动还有益于克服孤独感。运动可以给人带来轻松、自由的感觉，可以松弛肌肉，可以使因用眼过度而下降的视力得到恢复，可以加快血液循环，让人充满活力。

运动可以增加身体的敏感度。例如，在运动形成习惯后，可以更快地感觉到肌肉的紧张。此外，运动可以使人增加在身体上的自信，减轻压力；增加对其他事物的注意力，而不将焦点放在琐碎的问题上，并且减少担心血液中葡萄糖含量增高、心跳加速、心脏肌肉紧张等压力。这些都可以让人感到活力再现，精神振奋。

刘天拥有很高的职位，收入不菲，似乎生活得很如意。但她也有她的苦恼："我不可能一天24小时保持工作的巅峰，而且天天如此。这在体能、心智和情绪上都是强人所难。"因为她和同事的这种抱怨，公司推出了一个"同人康泰"方案，组织高尔夫联盟和垒球队，并在附近的健身房给员工办优惠卡，举办户外健身，让员工的差旅费都包含使用旅馆健身房的费用。

公司还鼓励同人按个人喜好，安排自己的办公室和小隔间，借此缓解压力。办公室本来就是另外一个家，本来就该让人从容自在。有了以上各种松弛恢复的机会，刘天和同事的工作效率大大提高，压力也大幅度减轻。

尽量在下午5点以后运动。白天在办公室多半坐着不动，加上工作压力累积了一整天，运动有助于缓解身心疲劳。

每周做3～4次间歇性运动。例如，先快步走，再慢步走。在游泳、跑步或骑自行车时也采用这一快一慢的方式，在压力与恢复之间来回动作。

在自己的健康与体能尚允许的范围内，做些安全舒适的运动，但一定要流点汗。与短暂轻松的运动相比，长时间且剧烈的运动比较能缓解重压。

尽量使运动的方式多变。如果长期做同样的运动会使你感到乏味，恢复效果就会大打折扣。从事的运动种类越多，越能促进体能的恢复。设法使运动成为乐事。以愉快的心情运动最有助于体能和精神的恢复。

运动是一种非常有效的减压手段。但是怎样运动最有效、最能缓解压力却是一门学问，同时，运动如果进行得不科学，还有可能造成一些损伤。

运动有各种形式，通过运动减压，选择合适的运动形式非常重要。选择时要特别注意强度和年龄的匹配问题。比如跳舞和慢跑就是两项适合中老年人的运动项目，这些运动既可以促进血液循环，增加大脑的供氧，起到健脑作用，同时也不会因运动量大而出现不良反应。

要纠正"运动得越多越好"的观点。这种观点现在看来已经是不科学的了。随着运动生理学研究的进展，人们对运动有了更科学的认识。对于中老年人，特别要在运动的频率、时间和强度上有所限制。那么，哪种频率最好呢？一般认为每周进行3~4次20~40分钟的有氧运动最合适。

二、尝试新的爱好

做你喜欢的事，做你感兴趣的事，这是一个十分有效的减压手段。你的身心会在兴趣中得到充分的放松。

发展个人的兴趣，做你喜欢做的事，这是一种战胜压力的有效手段。妥当的消遣方式可以让人进入一种忘我的境界，在这种状态下，人的头脑和躯体都会得到很大程度的积极的休息。

尝试新的爱好，让身心得到充分的放松。

人有各种各样的爱好，这完全依个人的兴趣而定，完全没有必要学别人，看别人的行为而决定自己的爱好。爱好是自己的事，不是做给别人看的。

还要特别记住，爱好只是一种乐趣而不是日常工作。爱好的事物都是喜欢的，只要喜欢就做，用不着担心是否可以完成。在过程中体验乐趣，这才是爱好的真正意义。比如说画画，不一定非得画得完完全全，不一定非得有什么主题，即兴发挥、兴趣所至就行。

业余爱好还有一个重要的心理辅助功能，那就是增强人的自信心。当你忙碌了一天，却因发现自己一事无成而很不顺心时，不妨忘掉这些，马上投入到自己爱好的事情上，这时你会忘掉一天的烦恼，进入到享乐的情趣中，同时自信又会重新产生。爱好的事情一般都是做得不错的，往往都是自己的长处。甚至有的时候，一个人的爱好还可以发展成为一个人的谋生手段，改变一个人的职业生涯。比如有的人从集邮的爱好开始，做起了收藏品的生意；有的人从爱好养花开始成了植物学家。会计改行成了木匠，教师变成了摄影师，这样的情况也相当多。

三、寻找工作中的乐趣

自我实现作为人的本性的实现是人与自然的合一，作为个人天赋的表现也是人与自然的合一。

如果仅把工作作为谋生的手段，对之毫无兴趣，体验不到任何的乐趣与成就感，那是够累的。我说的主要是心累。工作是繁重的，也是枯燥的，但也未必没有一点乐趣。我们要努力去寻找这种乐趣，去体验其中的快感。

这种乐趣到哪里去找？

1.试图创造性地进行工作

人本主义心理学的先驱人物马斯洛把人类的需要分为五个层次，即生理需要、安全需要、归属与爱的需要、尊重的需要、自我实现的需要。他认为人类最高层次的需要就是自我实现的需要。自我实现就是自己成为自己理想中的人，把自己的潜能全部变成现实。在自我实现之时，人会产生一个神秘的"高峰体验"。在这样的时刻，人有一种返归自然或与自然合一的欢乐情绪。自我实现作为人的本性的实现是人与自然的合一，作为个人天赋的表现也是人与自然的合一。

因此，自我实现者能更多地体验到高峰时刻。这可以是音乐家的一次成功谱曲和演出，也可以是工匠的一件精致作品的完成；可以是某一哲学或科学真理的发现，也可以是家庭生活的和谐感受；可以是一次陶醉的文艺欣赏，也可以是对自然景色的迷恋。高峰体验可以是极度的欢乐，也可以是宁静而平和的喜悦。由此观之，马斯洛所说的自我实现及其高峰体验，无不与创造性活动有着这样那样、或多或少的联系。如果我们以创造性的态度去对待工作，在工作结果、工作过程中取得创造性的成就，我们不也就享受到这种由工作而带来的自我实现的快感了吗？

一个教师改变了一个差生，一个医生挽救了一位生命垂危的病人，一个时装设计师设计出一套流行的服装，一位运动员走上了领奖台……凡此种种，潜能得以张扬，价值得以体现。那欢欣，那乐趣，那快乐，是任何外部奖赏都不能替代的。

2.从工作结果的社会意义中品味自我价值

这不是说教，也不是大道理。当人们体验到自身行为的社会价值时，其愉悦之情无可替代。慈善家并非全然是在施舍，在施舍的过程中他们自己也得到了一种满足。当我们意识到自己的工作的社会意义时，我们会油然而生一种自豪感和崇高感，我们会因自己对社会做出了贡献而自豪，而骄傲。

四、好心态生活才会更轻松

人的生活越简单就越幸福,这个道理并不是人人都懂。人们在现实生活中,如果随波逐流,只去追求物质上的享受,就要经常面对各种生活压力与精神压力。长期下去,这样的精神负担将会使人苦不堪言。而要想达到一个轻松自在的思想境界,就必须懂得调整自己的心态。

首先,看待问题不要太悲观和消极。每件事都有好与坏,得到的结果不一定都是最坏的。对事情尽力了也就不要对自己太苛刻了,能挽回的就尽力挽回,不能弥补的就学着接受。

有两个观光团到日本伊豆半岛旅游,一路上路况很差,到处都是坑洞。其中一个导游连声道歉,说路面简直像麻子一样;另一个导游却诗意盎然地对游客说:"诸位先生、女士,我们现在走的这条道路,正是赫赫有名的伊豆迷人的酒窝大道。"同样的情况,不同的思想会产生不同的感受。思想是何等奇妙的事,如何去想,决定权在我们自己手中。

我们会遇到很多棘手的事情,这就需要我们积极应对,学会接受。生活和工作中有太多的无可奈何,我们不知道别人的想法，但我们可以努力克服自己的消极想法，乐观接受生活中一切的不如意。

此外，我们要相信自己。人的潜能是巨大的，我们能做的比我们想到的要多得多。因此，在自我发展方面，有这样一个观点："你想什么，什么就是你的。"我们每天要适当地鼓励自己，夸奖自己。

理查·派迪是最伟大的赛车手之一，当他第一次赛完车回来，向母亲报告结果时，那情景对他后来的成功有很大的影响。"妈妈！"他冲进家门，"有35辆车参加比赛，我跑了第二。""你输了！"他母亲回答道。"但是，妈妈！"他抗议道，"您不认为我第一次就跑了个第二是很好的成绩吗？""理查！"母亲严厉喝道，"你用不着跑在别人后面！"

接下来的20年中，理查·派迪一直称霸赛车界。他的多项纪录到今天还保持着，没有被打破。由此看来，能正确地激励自己、对自己充满信心的人，往往能获得成功的青睐。我们应该相信自己、鼓励自己，不要在乎别人的评价，做好自己，做最真实的自己。

另外，无论做什么事情，我们都要有清晰的规划。我们要知道自己的整体目标是什么，分几步走，每一步应该怎么走，要花多长时间走。只有我们的世界是清晰的，我们的心才会有着落。一个人如果什么计划都没有，乱糟糟地生活，不知道自己要走的方向，很快便会迷失自己。

例如打牌，拿到一副牌，应首先看牌面，想想自己想打成什么局面，然后根据手中的牌和对手出牌的情况向目标靠近。这样，才有胜出的可能。看到牌后，不知道自己手中的牌怎么打，而是跟着别人胡乱出牌，那么输牌的可能性会很大。人生和打牌一样，一步错，步步错，只有端正自己的态度，有自己的想法，并朝着自己的目标努力，才有机会赢。

此外，我们在行事的过程中不能太执着于输赢。许多事情，用心去做就可以了，不要太在乎结果。凡事要看轻点、看淡点，心胸要豁达些、大度些。我们要明白，世上没有流不出的水和搬不动的山，更没有钻不出的窟窿和结不成的缘。当我们能够拥有这样的心态时，生活自然会变得轻松自在。

五、培养豁达的人生观

压力使乐观的人认识更多有关人生的哲理,却使悲观的人走向自毁之路。也有一些本来是过着快乐生活的人,被压力折磨得死去活来。

杰妮本来是一个快乐的女孩,喜欢参与话剧演出,合群而活泼,学业成绩中上,家庭属中等阶级,无须忧虑生活。可是,她的第一段恋情害苦了她。对方是个比她大十五岁的男子,曾有离婚记录,并与一个儿子生活。杰妮的父母极力反对他们交往,而那名男子也让情窦初开的杰妮初尝压力之苦。她在无人劝解的情况下,日渐憔悴,竟走上了殉情之路。

易斯年轻时有一家洗衣店,生活颇为富裕。某年,他从马来西亚带来一位貌美的女郎,不久就结了婚,并生了一个儿子,让他乐不可支。不久,一位马来西亚的男子来找他,自称是他太太的堂兄,他太太亦欣然告诉易斯有这么一个亲戚。

那个亲戚对易斯阿谀奉承,非常殷勤,又教他投资其他生意。开始时果然有钱赚,后来却一直亏本,直到他的洗衣店也要抵押给银行换现金来还炒股票所赔去的钱。易斯非常懊恼,正想拒绝再与那位亲戚合作时,才发觉妻子和那"堂兄"在数小时前乘飞机回马来西亚了。最不幸的是,太太留下一张字条,声称儿子并非易斯的,而"堂兄"的真正身份是旧情郎,因为家里嫌他穷,而硬拆鸳鸯。一下子,易斯什么也没有了,突如其来的打击,使他难以承受。

渐渐地,他好像经常听到街坊邻居嘲笑他,有时看见人家谈话都觉得是在谈论自己,加上银行的利息很高,生意一落千丈,他受不了这些压力,干脆流浪街头。他常常喃喃自语,发泄心中的郁闷。

以上两个故事都是发生在本来生活富裕的人身上。他们平日里没有经受过精神压力,当压力来临时无法应对,一下子就被压垮了。那么,正确处理压力的方法有哪些呢?

1.对压力应有正确态度

经济的压力,差不多是每个人都要面对的。金钱的得与失,对于个人来说,是非常重要的。

物价上涨,薪金追不上通货膨胀,或者公司经济出现危机,有裁员的可能,都使人感到忧虑。房贷、车贷等生活消费,都是负担。

对于来自四面八方的压力,每个人都要有一个豁达的人生观去容纳之。凡事与现实妥协，等于与压力和平共处。

忧虑会消磨人的意志，令人失去信心，把问题变严重。害怕舆论使人却步不前，与压力纠缠不清。

乐观的人将不幸的事视为幸运的开始。

公司有一位同事，他早来晚走、勤勤恳恳，但因为公司不给他理想的薪金，他就提出了辞职。没多久，他的一位朋友问他愿不愿意做兼职，薪金比原来的工作多上三分之一，他欣然应允。他虽然辞去了正式工作，却得到了更好的兼职机会。

自此之后，他的人生有了大的改观，他也不对过去的小事耿耿于怀。他的座右铭是：一天的压力一天担当就够了。

2.懂得欣赏生活

你可以想象一幕剑拔弩张的场面：人们为了生活，长期作种种形式的斗争，直至倒下来为止。经常处于备战状态，使人筋疲力尽，无法体验人生美好的一面。

有一种应对压力的方法，是以柔制刚：压力到来时，不要逃避，反以温婉的态度正面处之。

例如上司责备你工作做得不好，而事实并非如此，是有意为难你，你无须深感困扰，因为你的不快乐，正是他希望见到的。

这些遭遇不幸的人，该如何看待自己的处境？悲观者将陷入深深的痛苦，乐观者将永远都心怀生机。体验人生每一个阶段和所发生的事，才不枉走人生路。在幸运时，固然应珍惜每一刻；在挫折时，也应欣然度过。

六、不要压抑哭和笑的本能

我们常用"喜怒不形于色"来形容心智成熟的人,即一个人无论高兴还是恼怒都不会表现在脸上。感情不外露,能够把控自己的情绪,则这个人沉着而有涵养。然而在生活中,谁都会产生这样或那样的不良情绪,对于较小的压力,善于控制和调节情绪的人能够及时消解它、克服它,从而最大限度地减轻不良情绪的刺激和伤害。对于比较大的压力,人们则显得束手无策,又碍于"喜怒不形于色"的涵养标准,只好强行压抑情绪,殊不知,这只会给人们的健康带来危害。

情绪中的声调、表情、动作的变化,泪液的分泌等,都可以被意志所控制。心脏活动,血管、汗腺的变化,肠、胃、平滑肌的收缩等也会随着情绪而变化。那些表面上看似乎控制住了情绪的人,实际上却使情绪更多地转入体内,给体内器官带来损害。所以,不良情绪如果已经产生,就应当通过适当的途径排遣和发泄出来,千万不要闷在心里,否则不仅会加重不良情绪的困扰,还会导致某些疾病。可见,"喜怒不形于色"实在算不上什么好标准。所以,我们要该哭就哭，该笑就笑。

但很多人却有一种根深蒂固的观念：哭泣是软弱的表现。尤其对男人更有着"男儿有泪不轻弹"的思想禁锢。因此，许多男人长期压抑了哭泣的本能，他们坚强面对痛苦和悲伤，啃噬身体的同时，也拒绝了哭泣这种健康的减压模式。

哭是人类的一种本能，是人的不愉快情绪的外在流露。短时间内的痛哭是释放不良情绪的最好办法，是心理保健的有效措施。有专家研究认为，人的眼泪可以使人将在紧张、痛苦、悲哀时所产生的毒素排出体外，起到缓解心理紧张产生的痛楚的作用。如果人在该哭的时候不哭，强行把眼泪往肚子里咽，必然会承受巨大的心理压力，产生忧郁、苦闷、压抑、悲伤等消极情绪。心理学家曾给一些成年人测量血压，然后按正常血压和高血压分成两组，分别询问他们是否哭泣过，结果四分之三的血压正常的人都说他们偶尔有过哭泣，而那些高血压患者则大多数从不流泪。心理学家由此认为，哭能缓解压力，让人类的情感释放出来要比深深埋在心里有益得多。

谁说哭泣只是软弱的表现？想哭而强忍着不哭，很容易导致抑郁症。因此，当坏情绪来袭时，就让那些坏情绪随着眼泪一起释放出去吧。婴儿用哭泣来促进肺的成长,女人也因为比男人更爱哭泣而较男人长寿。该哭就痛痛快快地哭出来,这样更有利于身心健康。

该笑时也要大声笑出来。遇到欢欣快乐的事为什么不能放声大笑呢?愉快的心情可以影响身体内分泌,使肾上腺素分泌增加,使新陈代谢旺盛。

有这样一个故事。上帝对一个人说,可以满足他任意三个要求,条件是他无法再和别人进行交流。这个人选择了金钱财富、美丽伴侣、健康长寿。一开始他非常开心,毕竟他实现了很多人一生也无法企及的梦想。然而不到一年,他就去找上帝了。他说:"我宁愿舍弃这三个选择,做个凡夫俗子。有快乐却不能表达,不能与别人分享,这样的日子快让我疯掉了。"

可见,无论是伤心还是快乐,都需要有合适的途径来释放。眼泪和笑声是我们用来保持轻松健康生活的本能。该哭的时候痛哭一场,该笑的时候放声大笑,压力才会得到缓解,心情才会舒畅。

第八章
对压力说"不"，相信自己的能力

心态就是一切。积极健康的心态，会引导你迈向卓越；消极颓丧的心态，会令你一蹶不振。坚忍不拔的毅力、百折不挠的意志，以及荣辱不惊的品格等良好的心理素质，对于成就事业是至关重要的。认清自己的价值，相信自己的能力，能够承受打击和压力，这对任何人而言都是一笔巨大的财富。

一、让压力见鬼去吧

在人海中，人最容易迷失自我。最明显的莫过于生活中很多的压力，来自担心他人的评价和看轻自己的价值。许多人常担心无法获得他人的喜欢和称赞，无法将分内的工作做好，不能满足家人或朋友的期待，一旦出现失误就认为自己是个很糟糕的人，感到很压抑。这种近乎病态的比较，担心被别人拒绝或批评，担心别人胜过自己，到头来只能让人感觉不到自己存在的意义和价值，感到莫大的压力，甚至不能接受自己，通过自我封闭逃避压力和人群。

如果你发现自己有这样的体验，不妨静下来问问自己：我真的需要做这些事吗？这是我的需要，还是别人对我的评价？我是否需要通过他人的肯定来证明自己？

其实，每一个生命本身都有其特殊的意义与价值，不需要外在成就去证明。你可以很客观地告诉自己：没有人是完美的，我拥有许多优点和能力，但我也要接受自己的不足之处。带着这种肯定自己的心态，去处理你所遇到的困难。

生活的压力和环境造成的变化，会在某一个人身上产生什么样的影响，完全取决于他个人的态度。悲观消极的人视压力为洪水猛兽,不是采取逃避的方法,就是自怨自艾,不肯面对困难。但如果我们能以乐观的态度,视这些问题为人生的挑战,视它们为让自己走向成熟的机遇,以积极的态度去寻求解决问题的方法,努力去改变自己可以改变的事情,并接纳适应自己不能改变的现实,我们才能真正体会到"有危险必有机会"的深刻含义,勇于接受挑战,让压力转化成为工作和生活的动力。

心态就是一切。积极健康的心态,会引导你迈向卓越;消极颓丧的心态,会令你一蹶不振。坚忍不拔的毅力、百折不挠的意志,以及荣辱不惊的品格等良好的心理素质,对于成就事业是至关重要的。认清自己的价值,相信自己的能力,能够承受打击和压力,这对任何人而言都是一笔巨大的财富。

不管面对怎样的压力,首先一定要充满希望,不可轻言放弃,以乐观进取的态度接受挑战,要勇于、善于对压力说"不"。

面对压力,要有必胜的信念,更要有一些可执行的信条为支撑。

林肯,这位美国历史上最伟大的总统,就是个不向压力和命运屈服的典型。

林肯最初争取自由党的国会议员候选人,结果,他落选了。这是他政治生涯中所遭遇的第一次挫折。

后来，他想谋求"土地局委员"之职以便留在华盛顿，却未能成功；他想叫人提名他为俄勒冈州州长，指望在该州加入联邦时可以成为首任参议员，不过这件事也失败了。

这就是生活，即使是林肯这样的伟大人物，也有失意的时候，而且他们的失意往往比一般人更惨痛、更沉重。能否成功的关键，在于如何迎接生活的挑战，如何怀着坚定的信心直面失败。

曾有一篇社论这样评价林肯："可敬的亚伯拉罕·林肯真是伊利诺伊州从政者中最不幸的一位，他在政治上的每次举动都不顺利，计划经常失败，换了任何人都无法再支持下去。"

的确，假如林肯面对暂时的挫折、失败就不再前进、不再奋斗，那么他只能是一个微不足道的小律师，而不可能成为美国历史上伟大的总统。

责任心独立的第一步就是不可让自己放任自流。现实生活中，对自己不负责任的人大有人在。不是有许多人从不严格要求自己，放任自流，以至于一事无成吗？所以从广泛意义上来说，那些自认已具备了自立能力，最终却以失败告终的人，基本上都是对自己不负责任的人。进一步讲，一个对自己都没尽到责任的人，又怎么能对家人、对社会尽什么责任呢？

二、避免角色混乱

我们在一个特定的时间、一个特定的场合，面临特定的工作对象与工作任务时，一定要把握好自己的角色。

社会是一个大舞台，每个人都在其中扮演一定的角色。角色扮演得成功与否，直接关系到一个人的生活质量、社会关系状态以及自我的内心感受。从诸多实例中，我们发现，许多职场人士的压力尤其是工作压力在很大程度上来自工作中没能正确扮演好自己的角色，即角色混乱。

角色混乱现象一般包括以下六种。

1.角色负荷过重

当工作的要求太多时，工作者会感觉没有能力去处理问题，如此一来就变成压力。你可以想象在有限的时间内，必须做完很多事情时的急迫感。

2.角色功能不足

当所受的训练、教育、技术或经验无法与完成工作所需的条件匹配时，工作者会感到吃力。当工作者的才能与组织的期待无法匹配时，会产生不一致和不满意的情况。

3. 角色模糊

当对工作和工作场所的情况不清楚时，工作者也会产生挫折和压力。工作者应该知道工作晋升的标准，在组织中的优先顺序和组织的期待等。

4. 角色冲突

当两个主管间的期待不相同时，工作者就面临互相矛盾的要求。完成一方的期待，将得罪另一方，这是做与不做的两难。像这种令人不知所措的情景，便是职业压力的因素之一。

5. 角色固着

我们每个人在每天当中，都要面临多次角色转换，因为我们在一天当中要扮演多种多样的角色。我们每进入一种角色，就要按这一角色的行为规则办事，如果我们以同一种角色的行为规则去应对不同的角色要求，就会产生角色混乱，就要出问题，就会感受到种种压力。比如说，你当然不能以对待下级的态度对待上级，但你以对待上级的态度来对待下级也会把人搞得莫名其妙。在你作为消费者的时候和在你作为销售者的时候，你的行为方式也应有本质的区别。有些人，工作开展得不好，压力也大，原因就在于角色转换存在障碍。

6. 角色越位

角色越位就是干了不该你干的事，说了不该你说的话；

而自己该干的事、该说的话却没有干、没有说。古人云："不在其位，不谋其政。"这话是极有道理的。某些传统观念导引下的单位领导，常喜欢表扬那些干了分外事的员工，说他们关心集体。让我们想象一下，如果大家都去做分外事，这个单位该出现一种什么样的混乱局面！所有员工将会面临一种什么样的压力！所以，我们坚决反对角色越位。

我们在一个特定的时间、一个特定的场合，面临特定的工作对象与工作任务时，一定要把握好自己的角色。该做的不去做，不对；不该做的去做了，也不对。该说的不去说，不对；不该说的去说了，也不对。甚至你的服饰打扮、举止动作，都要符合你的身份、角色。有些人常哀叹自己"吃力不讨好"。在他们自己身上找原因的话，多为没有把握好自己的角色。

如果你是婚礼上的伴娘，你就不能打扮得花枝招展，夺人眼球，因为你今天是配角，没有你不行，但你引人注目了就不好。

生活中角色扮演也是一门艺术，能否把握得好，的确影响到你的生活质量。在不同的时间、地点、条件下，把自己的角色把握得恰得好处，你就会感到做起事来很顺，人际关系也很协调，有些压力就不会找上门来，而是远离你而去。

三、依靠团队的力量

社会进步的典型特征之一就是分工越来越细,文艺复兴时期那种不朽式的人物在当今之世已不可能再出现了,那种靠单打独斗而包打天下的现象也不会重演了。如今,你要取得成功,要依靠团队而不是个人。

应对压力,也应如此。

天大的事一人扛,是过去的英雄形象,却不是现代职场所应效法的榜样。要学会把压力分解、传递到你所在的团队的其他人身上。这不是推诿,也许别人正想有一个发挥自身潜能的机会呢。长期以来,什么事都是你一人做一人担,别人也只好袖手旁观了。没准谁还在背后骂你呢。可能的话,把工作分摊或委派出去以减小工作强度。别认为你是唯一能够做好这项工作的人,这样可能会给自己带来更多的工作,你的工作强度就大大增加了。

在我们的心目中,诸葛亮是智慧的化身。但"智者千虑,必有一失"。诸葛亮一生最大的失误来自他的那句名言:"鞠躬尽瘁,死而后已。"为了报答刘备的知遇之恩,也因为害怕因一失而后憾,他把什么事情都揽在自己身上。

第八章 对压力说"不",相信自己的能力

在蜀营中,士兵因犯错而打二十军棍这样的事,他都要亲自讯问,结果搞得自己身心疲惫。司马懿与诸葛亮打仗是屡战屡败,尤其是"空城计"把他搞得很没面子,但司马懿也赢过一阵。

诸葛亮六出祁山,北伐中原,想与魏军决战,但司马懿始终稳守营垒,诸葛亮几次三番向他挑战都没有用,双方在五丈原相持了一百多天。

要使魏军出来打,只有想法子激怒司马懿。诸葛亮利用当时轻视妇女的风俗,派人给司马懿送去一套妇女的服饰,意思就是这样胆小怕战,还是回去做个"闺房小姐"吧。

魏军将士看到主帅受到嘲弄,气恼得嚷着要与蜀军拼命。司马懿知道这是诸葛亮的激将法,并不发火,他安慰将士说:"好,我向皇上上个奏章,请求准许我们跟蜀军决战一场。"

过了几天,魏明帝派了一个大臣赶赴魏营,传达命令:不许出战。

蜀军将士听到消息,感到失望。只有诸葛亮懂得司马懿的用意,说:"司马懿上奏章请求打仗,这是做给将士看的。要不然,大将军率领军队在外,哪有千里迢迢去请战的道理。"

179

诸葛亮料到司马懿的心理，司马懿也在探听诸葛亮的情况。有一次，诸葛亮派使者到魏营去挑战，司马懿挺有礼貌地接待使者，跟使者聊天，说："你们丞相公事一定很忙吧。近来身体可好？胃口怎么样？"

使者觉得司马懿问的都是些客套话，也就老实回答说："丞相的确很忙，军营里大小事情都要亲自抓，他起得很早，睡得很晚，只是近来胃口不好，吃得很少。"

使者走了以后，司马懿就跟左右的将士说："你们看，诸葛亮吃得少，事务又那么繁重，能支撑得长久吗？"

不出司马懿所料，诸葛亮由于过度疲劳，终于在军营中病倒了，最后死在了五丈原。

这是一个智者的悲剧故事。

更为严重的后果是，由于诸葛亮生前对一切都大包大揽，他的手下没有锻炼能力、展现才华的机会。在诸葛亮死后，蜀中无人，迅速走向灭亡。

可见，信任下属、同事，适当放权是避免"积劳成疾"的良方。

这下你知道什么叫"吃力不讨好"了吧！

你肯定不愿意去扮演一个"吃力不讨好"的角色吧？

四、寻求社会的支持

人既是自然的人,也是社会的人。人的社会属性决定了人是群体的动物。人需要与其他人交往,更需要来自其他人的支持。这个在心理学上通常被称为社会支持。任何人都少不了社会支持,没有来自他人的支持,我们人类个体总会出问题的。有位心理学家说过,人类所有的心理问题归根结底都是人际关系的问题,也就是说,你遭遇了什么样的问题都不可怕,可怕的是没有人跟你一起分担。所以谁的朋友多、亲人多、相互关系好,谁承受压力的能力就大。《财富》杂志中文版的调查也证明了这一点,已婚的中国的高级经理人心理健康状况比单身的好。

著名作家毕淑敏在她的《心灵七游戏》中让读者做了一个"你的支持系统"的游戏,目的是测定"平时在你周围了解、帮助、支持你的人是谁"。游戏的主旨是告诉人们:人与人之间爱的需求不仅有其生物学基础,还有社会的基础,如果不能满足这种需求,健康将受到威胁,生活也会受到影响。社会支持的目的在于使个体被照顾,拥有自信或价值感,感到自己是社会网络中的一员。特别是当人处于压力中时,更需要强有力的社会支持。俗话说:"一个好汉三个帮,一个篱笆三个桩,独木不成林。"因此,人如何与周围的人建立良好的关系,使自己得到健康的成长和生活环境就显得尤为重要。说得具体一点,就是当你有困难的时候,你能够向谁求助并得到帮助;当你高兴的时候,你是和谁分享这份喜悦?在职业应激的研究中,社会支持是个经常使用的变量。

朋友和亲人给予的社会支持主要从几个方面体现出来。一是情感型支持,包括情感上的投入、共情、喜欢或尊重。二是评价型支持,通过分享观点来提供与自我评价有关的信息。例如上司告诉某个员工他的工作做得很好。三是信息型支持,即提供将工作做好所需要的信息。四是援助型支持,包括各种不同的直接帮助。无论是何种社会支持,心理学研究表明:这些支持总是通过直接、间接或中介的方式来影响压力与应激之间的关系。

社会支持系统中的因素会随着环境的改变而改变。如果生活环境变了,那就要重新建立新的社会支持系统。这就需要我们保持开阔的心胸去认识周围的新人、新环境,以建立起新的社会支持系统。

由于现在网络十分便利,人们在网络中所能获得的信息比人与人交流获得的还要多，所以网络逐渐成为社会支持系统中的一个重要因素。网络给人创造的是虚拟的环境，不需要见面，只需要文字或者声音就可以交流了。正是由于这个原因，双方交流的内容可能是真的，也可能是假的。在网络的虚拟环境中寻求帮助也成为一种可以选择的新的方法了。

总之，人不是万能的，即使有很强的能力，也会在时间、信息资源受限的时候求助他人，因此任何人都需要社会支持系统。互动的社会支持系统对身心的健康发展都是有益的。

五、换个角度看世界

有这样一个故事。一个小和尚，每次坐禅的时候总是东张西望，不能安心。老和尚很不高兴，于是问小和尚："你为什么不能安心坐禅？"小和尚回答说："每次坐禅的时候，我总能看到一个大蜘蛛在我面前爬来爬去，所以不安心。"老和尚说："我准备一支笔，下次坐禅的时候你就把大蜘蛛出现的地方画下来。"下次坐禅的时候，小和尚发现原来他画的是自己的肚皮。这个故事表明每个人的烦恼其实都来自自己，而每个人的快乐也来自自己。每一个人的心理世界就像一盆水，当一支笔直的筷子伸进水里时，我们发现水下的筷子像折了一样，因为当光线从空气穿进水里时，光线因水的折射而拐弯了。人的心理世界就像水一样在反映着客观世界。每个人的心理世界不同，"折射率"不同，世界在每一个人的眼里就不同。同样的事情在不同的人的眼里也就表现出了不同的意义。

假设你去参加一个会议，匆匆忙忙地赶路，不小心丢了1000元钱。你的心情会怎样呢？很开心吗？"哦，好开心，我的钱终于让更需要钱的人捡去了！"一般情况下，人们都不会做出这样的反应，常见的反应是你可能不太开心。然后你坐在会议室里,一副闷闷不乐的样子。这时一个你平时很熟悉的朋友进来了,他坐在你的身边,看到你不开心的样子,关心地问:"你好像不开心,怎么了?"如果你是一个外向的人,就会说:"哦,路上不小心丢了1000元钱。"他看看你,然后说:"你算幸运的了,我本来带了10000元钱,准备在来的路上还贷款,刚才发现钱丢了。"听了他的话,你的心情如何呢?

有没有觉得心情变得好些了,甚至开心了呢?实际上,你并没有少丢一分钱,可是心情却完全不同了。为什么呢?因为我们看世界的角度不同了。本来我们是沉浸在自己运气不好的世界里,当听到别人运气更不好的故事时,我们就从别人的角度看世界了,痛苦的感觉就减轻了。

既然这个世界是由我们的心灵世界创造出来的,那么对于任何事情我们都可以选择用一个积极的、能够给我们带来力量的角度来诠释,无论这个事情是好事,还是坏事。对于任何一件事情,我们都能从中获得滋润心灵的资源。人生不过是一个过程,我们在这个过程中不断地获得成功或遭遇失败。成功让我们更有劲头地前进,失败也带给我们前进的力量,我们其实都能成为人生的不倒翁。

人首先要对自己有信心,自己都不相信自己,谁还能相信自己呢？但是中国传统文化中有一个观点，就是一般不能自己夸自己行，那叫不谦虚。美籍华人黄全愈在《素质教育在美国》中讲了这样一个故事，黄全愈博士旅居美国多年，儿子在几岁时被带到美国。父子俩都喜欢足球，儿子黄矿矿是社区孩子足球队的成员，父亲是足球队的教练。有一次，这个足球队和另一个社区的足球队比赛。踢平后需要踢点球决胜负。矿矿点球踢得好，可是父亲认为自己是教练，如果让矿矿上，是不是有点以权谋私？干脆就把选点球队员的责任交给另一个美国教练。这个美国教练同样有一个儿子在这个足球队。矿矿很想踢点球，就抄起小手到同伴的后面等候。然而，这个美国教练不但没有选矿矿踢点球，还让自己的儿子踢点球，结果这个队输了。事后，黄全愈觉得很愤怒，认为美国教练不但没有公平地把矿矿选进去，甚至还让他的儿子去踢了点球。于是就去问美国教练。结果，美国教练非常吃惊。他说："矿矿自己没有要求踢点球呀，我的儿子要求踢点球呀，他想踢球就得自己说！"

在获得成功时，人们会增加自信心，认为这是天赋给我们的能力；在失败时常常产生自卑感，认为这是天赋给我们的不好反应。智慧人生就体现在成功给我们信心，失败也给我们自我激励的力量。

六、慢下来是为了更好地前行

2019年世界卫生组织的调查结果显示，全球每年有190万人因劳累猝死。大工业时代延续至今的"快文化"，使全世界每100人中就有40人患上"时间疾病"。

某公司的一位年仅30多岁的中层干部在家中突然去世，经法医鉴定为猝死。了解内情者称，其因连续加班熬夜，导致过度疲劳而死。在该公司，基本上每个人都需要加班，公司还专门买了折叠床放在办公室，这位中层干部最多的一次曾连续加班5个通宵。

"时间就是金钱，效率就是生命"是很多打工人的守则，每天疲于奔命成了这些人的共同感受。随着经济发展和竞争压力增大，人们的生存状态也越来越缝隙化和拥挤化。很多人为了工作不得不放弃节假日，为了创造出更多的利润不得不将脚步迈得飞快。我们恨不得同时完成好几件事情，很多时候我们一边接电话一边写邮件、看文件，觉得这样利用时间才是充实的，却从未想过什么才是真正的充实。

印第安人行走的速度很快，但是他们快速行走一段距离后就会停下来。过路的人问："你们还在等什么？再不赶路，天黑之前就赶不回去了。"印第安人回答说："我们就是为了欣赏夕阳。我们慢下来，是在等待我们的灵魂赶上来！"

人生的长度有限，人生的宽度也有限。如果只是一味追求结果和速度，那么，生命实在是太可悲了。约翰·列侬曾说："当我们正在为生活疲于奔命的时候，生活已经离我们而去。"都市的浮躁正在吞噬现代人的时间，忙碌成为现代人忽视爱情、漠视亲情、摧残身体的合理借口。当人人都急着赶着向前跑，为了充分利用时间做好一切事情时，这种极致的快速换来的却是精神的麻木和迟钝。此时，慢半拍的人反而真正享受到了生活。

德国著名时间研究专家塞维特在评价"慢生活"时说："与其说这是一场运动，不如说是人们对现代生活的反思。"这句话的本质说的是对健康、对生活的珍视。

首先，快节奏的生活影响的是人的心理健康。根据世界卫生组织的调研，抑郁症已经超越心血管疾病成为仅次于肿瘤的世界第二大疾病，并且发病年龄在不断下降。抑郁症的最主要原因正是患者长期生活在紧张的状态中，生活不规律且节奏太快，没有人可以倾诉烦恼。一旦慢下来，人便会有更多的时间品味生活、丰富阅历，从而达到减压的目的。

其次，快节奏的生活还会影响生理健康。心理学家瓦格纳林克指出，压力会导致人体产生大量的肾上腺素和肾上腺皮质激素。它们通过动脉传遍全身，使肌肉等都出现紧张反应。时间一长，人就会出现失眠、健忘、噩梦频繁、焦虑、失误增多等现象。医学专家指出，生活节奏慢下来，带来的是压力的降低，神经和内分泌系统的恢复，同时还能提高工作效率。

当我们在人生道路上艰难跋涉时，我们是否可以偶尔放慢匆匆赶路的脚步？是否可以停下来看看沿途的风景？我们曾经摇着扇子坐在院子中听邻居大姐姐讲故事，曾经整个晚上在闲话中度过。如今为什么不能花60分钟去慢慢地散一会儿步，花两个小时去音乐厅静静地听一场殿堂级的新年音乐会，花两个小时慢慢享受一顿美食，花15天住在一个地方慢慢看风景，或者只是把手机关闭3个小时呢？我们是否可以用温柔的心去关心一下那个最爱我们却总是被我们忽略的人呢？

高效率、高品质的生活是我们每个人的追求，但只一味地追求效率而忽视健康，进而导致过度疲劳是得不偿失的。有时，我们必须停下来休整一下自己。这时也许你得到的不仅是一个精力充沛的身体，还会收获一份好心情。而且，慢下来，是为了更好地前行。

第九章
与压力共舞，走向理想的人生

我们每个人都需要压力，但当压力来临时，我们应该认真分析，抛却压力中那些消极的因素，想办法把压力转化为动力，继而利用压力，战胜压力。逃避压力是解决不了问题的，最好的办法就是和压力共舞，做一个有心人，创造人生奇迹，这才是我们走向理想人生的关键。

一、没有压力就没有动力

在做一件事之前,你是否有这样的感觉:"我能行吗?有那么多比我强的人呢。"于是很多人因此放弃了一个重要的机会。其实,无数事实证明,每个人身上都具有自己所不知道的巨大潜能,而挖掘自我潜能的过程正是自我完善的过程!

人在绝境或遇险的时候,往往会发挥出不同寻常的潜力。人没有了退路,就会产生一股"爆发力"。我们每个人都有巨大的潜能可以开发,一般人只使用了潜能的1/10,甚至有的还不到1/10。

没有压力就没有动力。人类的进化被看作生物进化和文化进化相互作用的结果。大脑是越用越聪明,生活越去创新越有意义。难道你不想在人生的旅途中进行激动人心的探险览胜吗?如果你学到了一些新知识或是出色地完成了一项任务,或是对你所关注的事物有了新的发现……这一天你一定会欣喜若狂,心中仿佛有一支动听的歌在欢快地萦绕。我们每个人或多或少都有过这样的经历。

人的潜能一旦被挖掘出来,其作用是非常惊人的。在一次火灾现场，一位上了年纪的妇女竟然能把一个很大的橡木柜子从三楼搬到一楼。火灾后，3个强壮的男人费了九牛二虎之力才勉强把那个柜子抬回到原来的位置。这时，那个妇女想再试一次，却怎么也搬不动了。

事情就是这样，人们在某种压力的驱使下，能使自己的体力和耐力达到正常情况下绝不能达到的程度。一个神经错乱的人，当他发狂时，为什么会有正常情况下所不可能达到的体力呢？就是因为人的身体具有潜在的能量。

但是，如果压力太大，超出我们能力范围时，我们会手足无措，不知如何处理。我们也会因此感到失望、沮丧，或失去信心。如果我们尚无摆平的能力，下列几个自我提示的问题，可以帮我们振奋内心，转化我们的情绪，由消极、黑暗进入积极、光明的心态。

（1）如果我成功地渡过了这个难关，它对我的人生有什么重要的贡献或意义？我能学到什么？

（2）如果我成功地渡过了这个难关，它对我的将来有什么重要的贡献或意义？五年、十年后我的能力是否因此大大提高？我的人生将有怎样的成就？

（3）我需要什么能力、技术、信息、资源和怎样努力来克服这个挑战？（此时你已经由消极转变为积极，开始寻

找问题的解答了）

（4）如何获得这些技能、信息、资源等？

（5）我如何好好地享受自己处理这些问题的过程？

当享受的意念占据你的注意力时，痛苦的程度将会大大减少。将挑战性的问题或危机当作补药，勇敢地吃下去，几次之后能力便会大大地提高，我们便会成为名副其实的大力士。

二、逆境是成功的基石

每个人的生活道路都不是一帆风顺的,逆境是人生的一块基石,是成功的进身之阶,是虔诚信徒的洗礼圣水。人们最出色的工作往往在逆境的情况下做出,思想的压力、肉体上的痛苦都可能成为精神上的兴奋剂。

木以绳直,铁以淬刚。不想受挫,则成功无望。

人生,总有一些大大小小的挫折,而且,随着社会的发展,竞争的加剧,挫折也会越来越多。你更应该做到:坦然面对挫折,经历风雨的洗礼,勇于从挫折中奋起。

逆境也不会永远伴随着你,想办法解决你所面临的挫折。

1.面对挫折,要学会坚忍

"真正的勇士,敢于直面惨淡的人生。"学会坚忍,你才能在逆境中前进。

意志力是坚忍的支撑。只有两者合二为一才可使智慧的能量准确聚焦于需攻克的难点上,韧性钻进,直到情理透彻、条理分明、豁然开朗为止。

明确的目标是对坚忍的鼓舞。目标是一切行动的指南针,也是成功的投影,能够激发坚忍的精神。

智慧是坚忍的基石，任何有创造性、有智慧的人，无不胆识过人，勇于开拓创新，敢于做别人不敢做的事。智慧使坚忍的心态获得强大的精神鼓舞。

合作意识对坚忍起强化的作用。现代社会不是孤立的个人世界，坚忍也不属于脱离人群的自我完善者。

承受挫折的耐性是每一个人都必须具备的重要的心理素质，也是每个具有奋斗、拼搏精神和渴望成功的人所必不可少的精神手杖。

2.战胜自我

在逆境的势力范围内，接踵而至的挫折和巨大的磨难都压在你柔软的心上，你便会对自己失去信心。你的脑中会盘旋这样的字符："我会失败"，"整个世界好像都在跟我作对"。你无法阻止，无法思考，更无法采取任何行动。

要摆脱这种挫败的心理，打碎旋转的字符，去除"注定受挫"的枷锁，你要在思想上做到以下几点：

不要对自己要求太高；勇于接受挫折；自我鼓励，把自己想象成一位胜利者。

你是否想过你遭受失败的原因，是不是自己给自己进行了错误的定位，或是拿鸡蛋和石头硬碰硬？你是否在心中已经认清了自己，知道自己的长处，知道自己所具有的才能、特长、优点，而对自己的短处、缺点、不足也心中有数，做任何事情都要给自己一个恰当的标准。记住，失败感和期望息息相关。做任何事情，都不要操之过急，不要期望太高。凡事量力而行，这样即使失败了，也不会过分失望。

凡事要向着最好的目标前进，但也要想想最坏的情况如何应对，这样挫折来袭时，你就不会如临大敌、手忙脚乱了。记住，经历失败，也是在向成功靠近。

"吃一堑，长一智"，学会自己安慰自己。时刻用古圣先哲的明智哲理和思想鼓励自己，保持自己同忧虑和痛苦进行斗争的勇气，这会给你的人生带来积极的影响。

3.笑对危机

危机常激发人的潜能，唤醒人的灵感。"破釜沉舟""置之死地而后生"，都证明了事情往往到了最危急关头，当事人才会冷静下来，绞尽脑汁思考转危为安的方法。

养尊处优的人，绝不会有危机感。只有身处危机中的人，才不得不调动自己的全部潜能，寻求摆脱困境的方法。而一旦这些潜能被充分调动起来，其力量也是令人惊讶的。

危机并不可怕，可怕的是你的思想是否受危机摆布。命运是靠自己创造的，要主宰命运，就要勇于向危机挑战。一个不断向危机下战书的人，才是真正有希望获得成功的人。

因此，你要时刻记住以下的几句话：有意识地容忍和接受危机；有意识地创造一定的危机；心理上经常做好对付危机的准备。

4.勇气是关键

没有勇气尝试，也就无从得知事物的深刻内涵，而尝试过，对实际的苦痛亲身经历过，会使得这种体验成为将来发展的铺垫和准备。

在挫折面前，你表现得越懦弱，挫折就会越变本加厉地打击你，你也就必败无疑。如果你勇敢地面对挫折，挫折就会退却，你的前途也会越来越光明。那么如何使自己更有勇气，如何消除胆怯心理呢？

要有渴望成功的动力。成功者都是不安于现状、不断进取的人。他们不断对原有的成功发出挑战，不躺在旧日成功的温床上，让时间如水般流逝。人生只有不断起伏、不断创新，才会不断成功。

借鉴别人的经验，做事要三思而后行，要有智有勇，不能有勇无谋，鲁莽行事。要主动汲取成功者的经验，激发自己的勇气。借鉴的过程是学习的过程、丰富自己的过程。

经常实践。不断尝试，实践出真知。空有满腹理论，而不去实践，只能是纸上谈兵，不会有实实在在的感觉，也不能称之为真才实学。只有不断地尝试，在实践中提高自己，才能增加自己的勇气。

三、压力是精神的兴奋剂

没有压力就失去了竞争的意义,但心理压力过大往往使人感到恐惧,这是一个相辅相成的现象、辩证统一的关系。没有压力和压力过大都不利于发展。每个人都需要某种程度的压力,才能将潜能激发出来,只是这个指数因人而异——它就是"最佳压力指数"。适度的压力能增强大脑的兴奋过程,提高大脑的生理机能,使人思维敏捷、反应迅速。适度的压力,对人本身有很大的益处;对工作,亦有提高效率的作用。

"奇迹多是在厄运中出现的。"压力能使人产生奇异的力量。思想上的压力,甚至肉体上的痛苦,都可能成为精神上的兴奋剂。压力,为人创造了反复思考琢磨的机会,使人尽快成熟起来。世界上成就大事业的人无一不是经受过磨难的。压力,能使人在思想情感上受到多方的撞击,从而感悟人生的真谛,自觉把握人生的走向。相反,一个一帆风顺的人,没有压力的"哺乳"、悲痛的"滋养",不知天高地厚,终将一事无成。

一份完全没有压力的工作,其前途亦等于零。这是价值观的问题。在当今社会，往往职位愈高、地位愈显赫的人，所承受的压力愈重。但压力并不像钞票那样越多越好，一旦超过平衡点之后，就是弊大于利，使意志薄弱者沉入人生的低谷。

那么，究竟要将心理压力维持在一个什么样的范围才最为有利呢？

只要你觉得目前给自己所施加的压力是利大于弊，那你就找到平衡点了。

你不妨把这个观念比作车子的油箱。每辆车子的满箱油量是不一样的，而每公升油所能跑的里程数也各不相同。如果加得太多溢出来，就有引发火灾之虞；加得太少，又会让车跑不远。那加多少才合适呢？得看你开的是什么车、打算跑多少路程。这些只有你自己才能拿捏得恰到好处。

简单地说，对你最有利的策略，就是先洞悉自己在某种特定场合下的心理状态，看看所展现的压力是否符合你的利益，过犹不及都要调整。

一个小职员的工作压力，只是来自其工作量的多少。一位经理的工作压力，则来自整个部门或整个公司。你不要期望没有工作压力。如果真有这么一天，就不值得高兴了，因为那表示你在公司的地位，已属可有可无或是被闲置。工作有压力,这也是激发个人意志的良方。珍妮和凯敏就是一个例子。

珍妮没有家庭负担,每月的薪金可以任意挥霍。凯敏是她的同事,两人同在一家医药公司做销售代表。凯敏选择这份工作的原因,是可以凭努力赚多点佣金,以供父母及弟妹们过上更好的生活。

珍妮选这份工作,则是贪图其上班时间自由,且无须过办公室的刻板生活。

对凯敏而言,生活担子给她颇大压力。她不会得罪任何一位客户,因为她知道优良的服务会吸引客户介绍更多的顾客给她。

而珍妮,自以为有足够的金钱花用,无须忍受任何人的恶劣态度。她对客户的态度完全凭自己的喜好。因此,所有受到她接待的顾客,都不会回头找她,更不会为她推荐更多的顾客。

上司心知肚明,他知道凯敏的能干,也知道珍妮的有恃无恐。在一次职级调整中,他提升凯敏为销售部经理,珍妮变成她的下属之一。凯敏深知珍妮的处世态度,以朋友的身份劝她改变对客户的态度。此举反而令珍妮甚为反感,认为凯敏有意为难她。

凯敏知道如果纵容珍妮这样的下属，最终会影响部门的业绩。业绩不佳，对她的地位非常不利。多番劝告无果，在衡量过利害关系后，她暗示珍妮自动辞职。珍妮仍未觉醒，一直以为凯敏视自己为眼中钉，坚持不让凯敏得逞，因此拒绝辞职。

珍妮的表现并没有因凯敏施加的压力而有所改变。另外，凯敏反而感到压力愈来愈重，有必要"清理门户"。她干脆给了珍妮一个"大信封"，解雇了她。珍妮从未想过自己会被解雇，愤怒和挫折感使她失去理性，大骂凯敏一顿才离开公司。

而对于凯敏而言，压力使她攀上高位，高位又给予她压力，像一个压力循环圈，永不止息。她乐于与压力周旋，且认为有压力才显出前途一片光明。

对积极的人来说，压力不一定是坏事，聪明的人可以将其化为动力。

四、进行良性的竞争

现代社会,人在社会生活中不可避免地会遇到竞争。竞争是压力产生的另一根本原因,对于竞争的心态也就是对于压力的心态。正确处理竞争,是一个成功者必备的心理素质。

竞争导致压力,人一旦没有了竞争,就没有了压力,也就没有了动力,失去了前进的目标,那么没有压力也就会变成压力了。

不久前,一个野生动物园里放养了几只老虎和一些其他的动物。过了一段时间,那只领头的老虎渐渐变得无精打采,像一只病猫,动物园管理员找来兽医,兽医左看右看,也查不出什么名堂。没有办法,只得任凭那只兽中之王在窝里变成瞌睡大王。有时动物园的工作人员有意把它赶出来,它也是一副无精打采的样子。后来,由于某种原因,动物园里又放入了几只凶猛的豹子,那只百兽之王立即大显王者之风,时而咆哮山林,时而巡视溪涧草地,足下虎虎生威,把病态抛到了九霄云外。更令人意外的是,它还与一只母虎恩恩爱爱。后来,居然有了一只虎头虎脑的小山大王。虎病的原因在于没有了生存压力,也就是说没有了竞争对手。再现虎威也无非因为有了不安全感——竞争。

还有一个故事。

两位渔民都出海打鱼。他们一样能干，打的鱼基本一样多。可是每次回来，一位渔民打回的鱼总是死一大半，而另一位渔民的鱼则绝大多数都活蹦乱跳。前者百思不得其解，只得向后者请教。原来，他们装鱼的舱都比较小，鱼又多，每次鱼都要在舱里待上半个月才能回到岸边。鱼总是在舱里不动，时间长了，就憋闷而死。于是后者就在舱里放上一两条这种鱼的天敌。为了时刻防备天敌的进犯，这些鱼不得不抖擞精神加速游动，于是都能活着回到岸边。

但是我们要正确理解竞争，人们常常认为竞争就是要打败别人，所以在竞争中会出现这样那样的问题，而这些问题一旦处理不当就会产生过度压力。

其中，最常见的现象就是当你赢了对手时，你开始为自己的胜利而感到不安，甚至让别人输也会让你感到些许内疚。事实上，你也可以不需打败他人而比自己想象的还要成功。要让自己成为真正的胜利者，有几个必须遵守的基本守则。

1.要认清，没有人能够做永远的第一，因为永远是一山更比一山高。

2.消除敌意与侵略性，尝试和别人合作，而不要单纯去竞争。有了别人的支持，或许你的事业会发展得更迅速。

3.输赢其实都是暂时的，最要紧的是从成功和失败中获得经验，为达到事业目标壮大自己的力量。

4.和卓越竞争，而不是和人竞争，这样才能建立持久的自我价值感。

5.诚实并仔细评估你的资源，接受自己能力有限的事实，把注意力用来改善生活品质，选择人生真正想做的事。

6.为竞争而牺牲做人做事的原则，即使赢了也跟输了没什么不同。

总之，竞争对每个人的事业发展都会起到积极的引导作用，但如果超出一定的限度，就会变成压力，如果为竞争而不顾一切，就会起到相反的作用，会危及你的事业发展。所以，有必要改变每个人的事业观念，开展一些有风度的竞争。

人生想要永远快乐，你必须作一个重要的决定，就是善用人生给你的一切，是你决定人生而不是让遭遇主宰你的人生。

五、与压力共舞

一个人想要成功，就必定承受压力，有了压力才能努力工作，勤奋学习，掌握知识，获得经验。

遗憾的是，每当人们看到成功者的微笑时，就会忘记了他们在微笑的面容深处所包含的那份艰辛，那种为了成功的目标而苦苦拼搏的样子。其实，正是他们在巨大压力下那种不屈的精神使他们走向了成功。

艾柯卡是第一个为自己的企业做电视广告的美国企业巨头。他四处演讲，游说美国国会同意为克莱斯勒公司提供巨额贷款。他给人留下的印象是伶牙俐齿，善于言辞。可是，谁知道他承受了多么巨大的压力？他在从事推销工作时，压力是非常大的，但他精心准备，将压力变为动力，一次次苦练，并勇敢地从实践中学习，终于战胜了压力，建立起了一个完美的成功者的形象。

机遇、天赋对个人事业的成功起着一定的作用，但把事业成功的因素统统归结为机遇、天赋，则是不正确的。

在个人事业的发展道路上，总有一些转折点，在突破之前，往往是最困难、艰巨的时刻。这种时刻，你一定要判断形势、确定方向、保持勤奋,无论情况多么严峻,决不能轻易放弃,因为只要坚持到底,转折处就会峰回路转。

仅仅工做出色并不能保证你在单位稳步上升,不管公正与否,这是我们每个人都会遇到的实例。

总之,我们每个人都需要压力,但当压力来临时,我们必须要有处理的方法和技巧,不管什么压力,一旦遇上不加分析就给予处理,这不利于压力的解决。我们应该认真分析,抛去压力中那些消极的因素,想办法把压力转化为动力,继而利用压力,战胜压力,为我所用,创造生活和事业的奇迹,这才是我们最终所追求的目的。盲目行动只能让你失败,失败后就害怕压力,从而逃避压力,把压力的来临说成是自己的不幸,这种观点需要你自己加以解决。真正做一个有心人,才是我们走向理想人生的关键。

人们普遍认为:要在压力下才能存活,不过必须是所熟悉的压力。当他们被炒鱿鱼时,身心马上就会出现不适的感觉;而随着失业率的节节攀升,各大诊所都是人满为患。医师往往发现,这些人不管是哪里痛,其实都是心病所引起的,而且还不是因为经济压力。国外有一份报告显示被访问的377个失业者,虽然他们都是虎背熊腰,但也禁不起这种折磨,被炒鱿鱼还不到两周就浑身疼痛,在日日噩梦之后,有许多人得了慢性病。到了调查接近尾声时,竟然有超过三成的受访者得了心脏病。

逃避压力是解决不了问题的,最好的办法就是和压力共舞,做一个有心人,创造人生奇迹。

一位电台播音员在她30年的职业生涯中曾遭辞退18次,可是她坚定不移地追求自己的信念,终于获得成功。

莎莉·拉斐尔很早就立志于播音事业。然而由于美国大陆的无线电台都认为女性不能吸引听众,没有一家电台肯雇用她。她就跑到波多黎各,苦练西班牙语。后来,她被纽约的一家电台雇用,但到了1981年,她遭纽约这家电台辞退,说她赶不上时代,结果失业了一年多。

一天,她向一家国家广播公司电台职员推销她的休闲节目构想。"我相信公司会有兴趣。"那个职员说,但此人不久就离开了国家广播公司。后来,她碰到该电台的另一位职员,再度提出她的构想,此人也夸奖那是个好主意,但是不久此人也失去踪影。最后,她说服第三位职员雇用她,这个人虽然答应了,但提出要她在政治台主持节目。

"我对政治所知不多,恐怕难以成功。"她对丈夫说。丈夫热情地鼓励她尝试一下。1982年夏天,她的节目终于开播,由于对广播早已驾轻就熟,她便利用这一长处和平易近人的作风,大谈她自己对节目有什么感受,又请听众打电话谈他们的感受。

听众立刻对这个节目产生兴趣。她也通过自己的勤奋,战胜了挫折而一举成名。

如今,莎莉·拉斐尔已成为自办电视节目的著名主持人,曾经两度获奖。在美国、加拿大和英国,每天有800万观众收看她的节目。

"我遭人辞退了18次,本来大有可能被这些遭遇所吓退,无法去做我想做的事情;结果相反,我让它们鞭策我勇往直前。"拉斐尔这样自豪地说。

一个遭人辞退18次的人,其所承受的压力是不言而喻的。坚强的毅力,是保持勤奋的关键,是个人事业成功必不可少的条件。它来源于对远大目标的执着、渴望和对自己克服困难、战胜压力和挫折的信心。

六、战胜自我,战胜压力

几乎所有的困难、挫折和不幸都会给人带来心理上的压力和情绪上的痛苦,都会使人面临着前进与后退、奋起与消沉的困惑,关键在于你是否能控制这种情感,驾驭你心理上的压力。

《国榷》的作者谈迁,在他那耗费了27年的心血完成的鸿篇巨制一夜之间被人偷去之时,他曾大哭一场,悲痛不已。贝多芬因耳聋的不幸曾写下"海利根遗嘱"。张海迪由于高位截瘫,在极度悲痛中也曾产生过自杀的念头。幸运的是,这些强者能把种种消极情绪、人生压力控制在一定的限度之内,不使它们淹没自己的理智,不让它们摧毁自己的信念,不叫它们动摇自己的人生目标。

确切地说,那些被称为强者的人,不是因为他们不会有任何消极情绪,而是因为他们能以巨大的自制力将其战胜,而后才成为强者的。罗曼·罗兰在《约翰·克利斯朵夫》里说:"人生是一场无尽无休,而且是无情的战斗,凡是要做个能够称得上为人的人,都在时时刻刻与无形的压力作战。本能中那些致人死命的力量、乱人心意的欲望、暧昧的念头，使你堕落、使你自行毁灭的念头，都是这一类的顽敌。"

如果说生活的第一战场上，人们面对的是挫折、失败、灾难、不幸等有形的、公开的敌人，那么在第二战场上，人们面对的却是自己心理上的无形的敌人——压力。

控制自己固有的情绪，克服自己习惯了的行为方式，征服自己萌生了的意念和动机……总之，当压力要和自己作对，要同自身搏斗时，与其说被客观上的压力所击倒，不如说是被自己内心的敌人所征服。而强者之所以为强者，恰恰由于他们首先都是驾驭自己情感的主人，是战胜自我的勇士。

人生想要永远快乐，你必须作一个重要的决定，就是善用人生给你的一切。是你决定人生而不是让遭遇主宰你的人生。

第二次世界大战引起的物资紧张、汽油短缺等一系列问题均没有改变本田宗一郎的决定，他始终清楚地知道所追求的目标，凭着决心和效率，他让本田汽车公司成为日本最大的汽车制造公司之一。如果你能像本田那样目标明确、信心坚定，充分发挥自身潜能，那么人生就没有任何做不到的事。

成功或失败都不是一夜造成的，而是一步一步累积的结果。决定自己主宰人生还是让遭遇主宰人生，决定掌控自我还是受控于环境，这是人生成败的一个关键。

尽早为自己下定这样的决心。决定把眼光放远，决定采取何种行动，决定继续坚持下去，这种决定做得好，你便能成功，你的人生就会一路鲜花和掌声。

对于成功人士而言，解除压力追求放松是一门必修课，因此，我们不辞劳苦地探索着减压的艺术。在与压力共舞中，使自己的精神和身体都从压抑中解脱出来，有一种想要飞翔的感觉。那些没有好好地掌握减压艺术的人，他们的人生过得像上紧发条的闹钟一样。

请记住，是你的决定主宰着你的人生。你的命运就掌握在你的手中。